BABOSA
NÃO É REMÉDIO... MAS
CURA!

Dados Internacionais de Catalogação na Publicação (CIP)
(Câmara Brasileira do Livro, SP, Brasil)

Zago, Romano
  Babosa não é remédio... mas cura! / Romano Zago. –
11. ed. – Petrópolis, RJ : Vozes, 2013.

  8ª reimpressão, 2024.

  ISBN 978-85-326-2788-9

  1. Babosa 2. Cura 3. Medicina alternativa 4. Plantas medicinais I. Título.

02-4885   CDD-615.32432

Índices para catálogo sistemático:
1. Babosa : Poder de cura : Ciências médicas 615.32432

Frei Romano Zago, OFM

BABOSA
NÃO É REMÉDIO... MAS
CURA!

Petrópolis

© 2002 Editora Vozes Ltda.
Rua Frei Luís, 100
25689-900 Petrópolis, RJ
www.vozes.com.br
Brasil

Todos os direitos reservados. Nenhuma parte desta obra poderá ser reproduzida ou transmitida por qualquer forma e/ou quaisquer meios (eletrônico ou mecânico, incluindo fotocópia e gravação) ou arquivada em qualquer sistema ou banco de dados sem permissão escrita da editora.

CONSELHO EDITORIAL

Diretor
Volney J. Berkenbrock

Editores
Aline dos Santos Carneiro
Edrian Josué Pasini
Marilac Loraine Oleniki
Welder Lancieri Marchini

Conselheiros
Elói Dionísio Piva
Francisco Morás
Gilberto Gonçalves Garcia
Ludovico Garmus
Teobaldo Heidemann

Secretário executivo
Leonardo A.R.T. dos Santos

PRODUÇÃO EDITORIAL

Aline L.R. de Barros
Marcelo Telles
Mirela de Oliveira
Otaviano M. Cunha
Rafael de Oliveira
Samuel Rezende
Vanessa Luz
Verônica M. Guedes

Conselho de projetos editoriais
Luísa Ramos M. Lorenzi
Natália França
Priscilla A.F. Alves

Editoração e org. literária: Fernando Sergio Olivetti da Rocha
Diagramação: Sheilandre Desenv. Gráfico
Capa: Aquarella Comunicação Integrada

ISBN 978-85-326-2788-9

Este livro foi composto e impresso pela Editora Vozes Ltda.

Sumário

Introdução, 7

Parte I – Variações na *minha* receita, 9

Parte II – Razões para utilizar a receita, 29

Parte III – A utilização da babosa nas doenças, 57

Posfácio, 117

Índice, 119

Introdução

Dei-me ao trabalho presente, tendo em vista, acima de tudo, os concidadãos brasileiros que, segundo estatísticas recentes, para nossa humilhação, num dos países mais ricos do Planeta em reservas naturais, vivem à beira da miserabilidade. Chegam aos 50 milhões, quase um terço da população total. Tais pessoas não podem dar-se ao luxo de custear plano de saúde. Nem pensar! A saúde pública tem mergulhado num caos. Profissionais, mal remunerados pelo sistema, proporcionam atendimento médico precário. Pacientes, metidos nas filas do Sus, desde madrugada, a fim de disputar ficha de atendimento ou consulta só para daqui a um mês, acabam morrendo no corredor do hospital. Remédios, sempre reajustados no preço acima da inflação, ficam proibidos para o bolso desse tipo de paciente. É para tais compatriotas que escrevo o presente livro. Quero ir ao encontro das aflições de meu povo neste particular. Desculpe se meto minha colher, mas foi a forma encontrada para deixar-me em paz com a consciência. É pouco, sim, mas é o que aprendi a fazer. Se este livro puder ajudar, somando para reduzir um tiquinho dos sofrimentos e contribuir nas falidas economias de meus irmãos, será motivo de alegria e comemoração para o autor.

PARTE I

Variações na *minha* receita

Introdução

Quem não leu *Câncer tem cura!* – tomamos conhecimento por correspondência, por telefone e fax – deparou-se com algum impasse ou dificuldade referente à receita caseira de babosa, mel e bebida destilada (cf. *Câncer tem cura!*[1], 29. ed., p. 29-48). As pessoas detiveram-se em detalhes de somenos importância e, quiçá, algum pormenor tenha criado obstáculos à confecção da sua receita. Detalhe ou acidente pode ser importante, sim, mas não a tal ponto de atrapalhar ou até impedir a trajetória do essencial ou do conjunto. Ou, como reza velho ditado holandês: "Por causa da árvore não se vê a floresta".

Nesta primeira parte, voltamos ao tema, numa sucessão de perguntas e respostas, na tentativa de prestar ao leitor os esclarecimentos necessários, a fim de que possa navegar seguro nestas águas, ou seja, que você possa ser inteiramente livre no manejo e confecção de sua receitinha caseira.

Em *Câncer tem cura!*, seguramente ao longo de mais de 15 páginas, explanamos a receita de babosa, mel e destilado. Nas páginas 195-196, colocamos a síntese das diversas práticas encontradas, numa tentativa de *ensinar a receita universal,* isto é, *para todas as pessoas.*

Não somos todos iguais; antes, não existe uma pessoa igual a outra, parece válido explicar as possíveis variações.

---

1. ZAGO, Fr. Romano. *Câncer tem cura!* 29. ed. Petrópolis: Vozes, 2000.

Antes de entrar em detalhes, parece-me fundamental acentuar que a receita não é *estática* ou *cristalizada,* como alguém poderia deduzir pela leitura do livro. A receita é *dinâmica, elástica,* respeitando sempre as circunstâncias pessoais de quem "a ela recorre".

Os ingredientes mantêm-se os mesmos, a saber: Babosa (em sua folha inteira), mel e destilado. Eis que no livro devíamos apresentar padrões, sim, mas que não precisam ser logo estandardizados. Por favor, dê tentos à criatividade, segundo seus pendores. Se você agir livremente, não há necessidade de estabelecer normas rijas. Daí que, com o tempo e à medida que "pegar prática", você dispensará os limites de *peso* ou *medida,* proclamados quando da divulgação da receita. Uma coisa é você navegar águas pela primeira vez, outra, bem diferente, será a tarefa de marinheiro calejado. Aliás, próprio em qualquer atividade humana. Depois de certo período de traquejo, a gente aciona os dispositivos automaticamente, não é? Um pouco assim acontecerá quando confeccionar a sua receita.

Vamos partir para alguns pontos práticos, e comentá-los. O objetivo tem em mira o justo uso de sua liberdade de filho de Deus.

| **Perguntas e respostas** | → |

I
Medida/metro x peso/grama

Pergunta: A receita universal fala em *meio quilo de mel, babosa e destilado.* Tem que ser precisamente meio quilo? Não pode ser um pouco mais ou um pouco menos?

Resposta: Para o seu governo, acredita-se que o tratamento, a fim de que realize o seu ciclo pelo organismo afora, precisa *durar,* ao menos, *dez dias.* Se passar um pouco, não faz mal. Termine o conteúdo do frasco, sem deixar lasquinha alguma no fundo dele. Se durar dez, quinze, vinte dias, tudo bem. Termine o conteúdo do frasco, independente dos dias de duração do preparado.

Com o correr do tempo e com a sua prática, você irá estabelecer se entra meio quilo de mel ou se bastam, por exemplo, 300 gramas para completar o ciclo de dez dias.

Você poderá argumentar que não vale a pena discutir por 100 ou 200 gramas de mel. Concordo. Mas, nos tempos bicudos em que vivemos, se você puder economizar esse tantinho, por que não? É "de grão em grão que a galinha enche o papo", diz o povo, sabiamente.

E por falar em mel, é claro que será sempre você a comandar o espetáculo.

Imaginemos que você tenha preparado a receita usando os ingredientes para a receita universal. Mas seu filho, para quem era destinada, habituado a ingerir "coisa doce', achou-a horrível. Recusa-se a tomá-la. Evite uma guerra. Contorne o problema: carregue mais no mel, reduzindo a quantidade de babosa. O importante é que ele tome a babosa, mas tome, independentemente da quantidade ou da exatidão matemática. Se você conseguiu encontrar a solução do problema de saúde que amolava seu filho, apenas porque reduziu a quantidade de babosa, considere-se vencedor.

Imaginemos o contrário. Você está envolvido com problemas de fígado. Ao fígado não apetece "coisa doce". Se mantiver os ingredientes proclamados na receita universal, talvez a víscera contraia-se toda quando você ingerir aquele preparado. Experimente inverter os números. Se a receita reza "300 gramas de babosa e 500 de mel", use *300 gramas de mel e 500 de babosa*. Para sua surpresa, o fígado agora não corcoveou feito potro bravo, como antes, quando você usara os ingredientes nas proporções para a receita universal. E que maravilha se você contornou o seu problema de fígado de forma tão barata e sem efeitos colaterais!...

Em resumo, aprenda a ser livre na confecção de sua receita caseira, acudindo suas necessidades particulares. Saiba que a divulgação da receita universal e seus componentes é orientativa, dando margem à sua criatividade, a fim de chegar você à receita personalizada.

Entendeu por que a receita é dinâmica e não estática nem cristalizada? Os números, na receita, apresentam valor relativo, como no Oriente. Nós, ocidentais, é que adoramos fórmulas matemáticas: 2 mais 2 = 4. Para o oriental, 2 mais 2 é 4, sim, mas, para ele, também pode ser 5 ou 3... Não se preocupe tanto com a precisão matemática, já que a vida é ampla e generosa... Aprenda dela. Deixe-se orientar pelo que ela sugere ou pede. E viva!

2
Usar babosa pura

Pergunta: É possível usar a babosa pura, isto é, sem o mel e o destilado?

Resposta: Poder-se-ia perguntar, ainda, à guisa de esclarecimento da pergunta: Qual a função do mel e da bebida destilada, na receita, junto à babosa? Antes de mais nada, fique claro que *a gente pode usar, sim, babosa sozinha,* isto é, sem o mel e o destilado. Repito, pode.

O mel e o destilado, porém, despertam os princípios ativos, abundantes na planta, colaborando para que tornem mais eficaz sua ação no organismo.

A babosa pode, sim, ser usada sozinha, sempre que o quiser. Saiba, entretanto, que estimulada pelo mel e destilado, poderá produzir melhores resultados. Com outras palavras, sem motivos sérios, não deixe fora os elementos mencionados, isto é, babosa, mel e destilado.

3
A colheita das folhas

Pergunta: Há alguma indicação para a colheita das folhas?

Resposta: Quanto à colheita das folhas que servirão para confeccionar sua receita caseira, não use nem as novinhas, recém-desabrochadas, nem as folhas já secas ou amareladas (os japoneses, cientes de se tratar de planta preciosa, utilizam até as folhas secas e/ou amareladas, para não desperdiçarem...). Aproveite as folhas desenvolvidas, adultas.

Natural que seja assim. No campo da natureza, tudo obedece a leis. A laranja do tamanho da ponta do dedo mingo é laranja completa. Para o seu aproveitamento, porém, é preciso esperar que amadureça. A menina de dois anos e a anciã de 90 são mulheres completas, mas não estão em tempo de conceber. E assim por diante. Tudo tem o seu tempo. A natureza indicará o momento da maturidade. É preciso ter paciência e esperar o momento indicado para o seu maior proveito. Quando maduras, faça a coleta das folhas de seu rico pé de babosa e aproveite-as ou como parte integrante da receita ou para eventual aplicação tópica.

Importante saber que a babosa apresenta-se ativa à noite e "dorme" de dia, isto é, torna-se "totalmente impermeável, fechando hermeticamente todos os seus estomas durante as horas de sol"[2]. Com outras palavras, sendo planta de deserto,

---

[2]. STEVENS, Neil. *O poder curativo da babosa.* São Paulo: Madras, 1999, p. 16.

mantém os poros fechados de dia, para evitar a evaporação da água com o calor, abrindo-os à noite, para recolher o sereno da madrugada.

Assim sendo, faça a colheita da matéria-prima (folhas) ou antes de o sol nascer ou depois do sol posto. Evite de preparar a sua receita sob os raios da luz artificial. A incisão dos raios solares e/ou da luz elétrica prejudica o princípio ativo que a planta carrega contra o câncer. Evite os raios. Eis a razão pela qual aconselha-se que se proteja o frasco contra os raios do sol e da luz artificial.

Aliás, não procedem assim quando transportam vinho e cerveja, bebidas fermentadas, da fonte de produção para os pontos de consumo? Usam-se frascos escuros. Recorre-se a tal expediente, a fim de que a incisão dos raios solares, por ocasião do transporte, não venha alterar a qualidade do produto. Como se observa, cada detalhe inclui certa lógica, portador de alguma pitada de sabedoria...

4
A presença de água nas folhas de babosa

Pergunta: E quando chove? Ou se quero lavar as folhas?

Resposta: Muitas pessoas encontraram dificuldades em confeccionar seu preparado de babosa por causa do tempo chuvoso ou até há quem gostaria de, num evidente excesso de zelo, lavar as folhas coletadas antes de usá-las na sua receita.

Pode lavar, sim, se você for pessoa escrupulosa no que tange à higiene, o que respeito muito.

Quanto ao tempo chuvoso – inverno – porque não para de chover ou garoar, tome seu guarda-chuva, botas de borracha e dirija-se, assim abrigado das intempéries, até ao fundo do quintal onde se localiza aquele soberbo exemplar da babosa. Colha, digamos, 50 gramas de folha do pé de babosa. Providencie 100 gramas de mel. Do destilado escolhido basta uma colher das de sopa. Prepare esta primeira parcela da receita, como se fosse preparar a receita inteira. Tal porção durará ao redor de três dias ou pouco mais. Terminada a primeira parte, providencie imediatamente (sem pausa) a segunda parcela da receita. E assim sucessivamente, até terminar o tratamento, *o qual, no mínimo, deve durar dez dias* (passando um pouco, não importa). E deixe chover...

Assim, confeccionando sua receita por etapas, impedirá que ela venha a azedar, o que é sempre o perigo quando nossa matéria-prima estiver encharcada de água. A folha da babosa absorve com facilidade a água, por ser esponjosa. A planta, sendo de deserto sabe que aí chove pouco. Aprendeu que armazenar o precioso líquido é vital para ela. Planta inteligente!

Ora, a sua receita, sem conservantes, confeccionada com folhas colhidas após a chuva, ou lavadas, está fadada a oxidar (o mesmo processo que faz com que a carne não refrigerada se deteriore, ou que a maçã torne-se escura poucos minutos depois de ter sido cortada), comprometendo seu produto. Confeccionando-a por etapas, você terá o produto sempre fresco, com remotas possibilidades de azedar!

Nota Bene: A presença de água colabora para que seu frasco azede mais cedo. Nada mais. A babosa, porém, pelo fato de estar impregnada de água, não terá reduzidas as suas propriedades medicinais. O único inconveniente consiste em que, sem conservantes, o alto teor de H_2O predispõe seu preparado a oxidar, já que água não é conservante duradouro. As propriedades medicinais, porém, mantêm-se, fique tranquilo.

Em síntese, quanto mais enxutas as folhas colhidas para sua receita, mais remota a possibilidade de seu preparado caseiro vir a azedar.

5
Diabetes x mel

Pergunta: Como fica o diabético, se vai mel na receita?

Resposta: Fundamental saber que *babosa cura diabetes*. Sim, repito, a babosa, sozinha, cura diabetes. Quem no-lo garante é a literatura americana.

Use, neste seu caso, a babosa pura, isto é, sozinha e/ou com destilado. Como é amarga (e tem que ser!), tenha disponível, na hora de ingeri-la, porção de suco de fruta, ou verdura ou legume, *preparado na hora*, para neutralizar tal desconforto.

Nota Bene: Especificamente, quanto ao mel, se for genuíno, isto é, fabricado pela abelha (e não pelo homem!), não fará mal ao diabético, porque o mel, produzido pela abelha, não passa por nenhum processo de refinamento. O que é refinado é que prejudica o organismo: açúcar, sal, farinha, arroz, azeite etc. Se o mel for autêntico, não prejudicará a qualquer consumidor, nem mesmo ao diabético!

Se você, porém, desconfiar do mel, elimine-o de sua receita. Elimine-o, igualmente, se sua estrutura mental disser que você não pode tomar "coisa doce"! Ora, o mel é doce. Logo, o mel, para você, fica proibido.

– Como assim?

– Lógico, ora. É a mente que dá ordens ao corpo. Se for convicção sua que o diabético não pode utilizar o mel (porque é "coisa doce"), você terá, se o usar, seus valores alterados (para cima). Eis um fenômeno subjetivo a dominar ou a influir sobre aquilo que é objetivo.

Não desespere diante de sua limitação. Com ou sem mel, a babosa agirá beneficamente sobre o seu organismo, se não for 100%, contente-se com 70% ou 40%. Não deixe, porém, de usá-la.

Babosa tem livrado portadores do mal de diabete. Por que não experimentar? Você poderá ser um deles. Vá fundo, sem medo de ser feliz!

6
Ex-alcoólatras x álcool

Pergunta: Como proceder com a receita em relação aos alcoólatras regenerados?

Resposta: Submeteu-se você ao tratamento junto aos Alcoólatras Anônimos (AA) para sair do estado de dependência? Se uma gota de álcool sequer poderia devolvê-lo ao anterior estado, levando-o novamente ao fundo do poço, fuja da bebida como o diabo, da cruz. Não brinque com fogo... Passe ao largo no que tange ao uso do ingrediente alcoólico na receita. Use apenas babosa e mel. Terá reduzido os resultados? Pois não, mas é muito mais importante não obter o resultado 100% do que voltar ao vômito antigo.

Babosa e mel tornam-se perfeitamente toleráveis. Não se constituem em problema.

Se, porém, decidiu tomar a babosa sozinha e achá-la amarga demais, apele para o expediente do suco, tal como explicou-se acima ao diabético referentemente ao mel.

Mas, se você for uma dessas pessoas que não se entrega assim no mais, estufe o peito e mande aquele suco amargo para o estômago. Deixe o restante por conta dele. Ele sabe o que deve fazer. E aguarde pelo benefício. O resultado não tardará.

A propósito de alcoólatras, para ajudá-los, é bom saber que a babosa age como desintoxicante. Assim sendo, reduz o apetite pelo álcool. A babosa, igualmente, reduz o apetite em relação ao fumo e à droga. Aliado à força de vontade, reduzido o apetite, quando menos espera, o dependente se dá conta que é possível controlar-se.

A busca desenfreada pelo álcool pode provir não apenas de alguma forma de malícia daquele que o consome, mas brotar de necessidade física, ou seja, o organismo carece de algo que lhe faz falta, no caso, de zinco. O paciente busca solução do problema, ingerindo bebida alcoólica, porque aí encontra o elemento de que é carente.

Forma simples de repor a falta de zinco no organismo seria passar na farmácia e pedir um complexo de polivitaminas e sais minerais rico em zinco. Como a babosa contém zinco, eis que há casos de pessoas que tiveram reduzido seu apetite à bebida, à droga, ao fumo.

Não desaparecendo os sintomas, procure orientação médica.

7
Vários tipos de babosa

Pergunta: Por qual tipo de babosa optar diante dos tantos existentes?

Resposta: Há quem titubeia diante dos inúmeros tipos de babosa que existem. Em *Câncer tem cura!* – simplesmente aconselhávamos o tipo *Aloe arborescens* como o mais indicado para compor a sua receita caseira. Aliás, a bateria de fotos coloridas, que inserimos, não teve outro intuito a não ser o de ajudar o leitor, inexperiente ante tantos tipos de babosa, a escolher o mais adequado com que confeccionar seu frasco em sua casa. É que *Aloe arborescens* apresenta menor quantidade de gel. Assim sendo, você pode usar esse tipo de babosa sem precisar recorrer a conservantes para a sua manutenção, sem o produto azedar fácil.

Mas vamos imaginar que você dispõe apenas de *Aloe vera barbadensis miller* em seu quintal. Não desespere! Tal tipo de babosa, quanto às propriedades medicinais, é excelente. O único inconveniente é que *Aloe vera barbadensis miller* é muito rica em gel, tanto isso é verdade que as indústrias somente exploram tal tipo para confeccionar seus produtos, devido à abundância de gel, o que faz que lhes traga maiores lucros.

Acrescente-se que as indústrias convencionaram, *equivocadamente,* que é só no gel que estão depositadas as propriedades medicinais da planta. Ledo engano! Gel é água, meu amigo. Ao redor de 95%, no duro, viu? Em época de chuvas prolongadas, chega até a 99%. Não estamos afirmando que o gel não presta. Outra coisa é afirmar que só o gel seja importante! É água filtrada, de luxo! "Nem tudo à terra nem tudo ao mar..."

Ora, com tal volume de água, compreende-se que a receita caseira, onde não há lugar para conservantes, tende a oxidar logo. Como resolver o impasse?

Já que você não vai apelar para conservantes (são cancerígenos!), a resposta é simples: Descasque a folha, digamos, como se faz com o abacaxi ou a laranja ou cana-de-açúcar, a fim de reduzir o volume da polpa ou gel cristalino que se encontra no interior da folha. Quando você conseguiu, aproximadamente, 300 gramas de casca, adicione-os ao mel e ao destilado da sua receita. E triture-os.

Como poderá observar, você obteve volume aproximado, no frasco, mais ou menos idêntico ao que obtivera quando usou *Aloe arborescens*.

Quanto ao gel, que sobrou, não jogue fora. Gel é uma preciosidade. Pode usá-lo em toda a pele do corpo, desde o alto da cabeça até a planta dos pés. Dado o princípio ativo da lignina, abundante na babosa, a pele vai agradecer; deixá-la-á aveludada, umectada, rejuvenescida.

Além da aplicação direta na pele, se sobrar gel, coloque-o num frasco com álcool. No dia em que levar uma pancada qualquer ou se apresentarem dores musculares, disporá de ótimo lenimento para massagear de leve o local atingido.

Medicinalmente, ambos os tipos de babosa equivalem-se. Apenas teremos que saber administrar o gel. Aliás, o problema coincide com o da presença excessiva de água. A receita caseira, quanto menor presença de água apresentar, mais tempo durará sem azedar.

A receita industrializada, obedecendo a rígidos critérios de estabilização, não apresentará, por força, o problema de oxidar.

8
Um metro de folhas de babosa

Pergunta: Apelar para medida ou peso?

Resposta: Diante das centenas de tipos de babosa existentes no mundo, em *Câncer tem cura!* sugeríamos um metro de folhas, ao lado do mel e do destilado, para confeccionar a sua receita caseira. As pessoas logo constataram que, usando *Aloe arborescens,* obtinham um determinado volume em seu frasco, mas lançando mão de *Aloe vera barbadensis miller,* obtinham volume bem maior, quase o dobro. Compreensível. Bem diverso, em volume, será o frasco se você empregar um metro de folhas de babosa da variedade *Aloe vera barbadensis miller* ou um metro de folha de babosa da variedade *Aloe arborescens* (variedade que ilustra, a cores, nosso livro, inclusive, a capa). Usando a *barbadensis,* obter-se-á o dobro ou mais em volume. Não estranhe que seja assim.

Diante da surpresa, na Itália, sugeriu-se a prática seguinte: Em lugar de *medida-metro,* empregar *peso-gramas.* Quantos gramas? Ao redor de 300 gramas.

Válida a sugestão, porque 300 gramas de *barbadensis* e 300 gramas de *arborescens* redundam sempre em 300 gramas.

Assim como na *medida* você pode aumentar ou diminuir, segundo as suas circunstâncias pessoais, o número de folhas para alcançar o *metro,* usando o *peso* você poderá chegar próximo aos 300 gramas, como também poderá ultrapassá-los.

Siga sua intuição desligando-se, aos poucos, de pesos ou medidas. Numa palavra, dispense o Inmetro. Oriente-se pelo bom senso. Importante é o equilíbrio. "Entre o veneno e o remédio está a medida"[3].

Sem querer impor, mas à guisa de sugestão, quem sabe você opte, num primeiro frasco, pelas orientações do livro, isto é, adote os *ingredientes para a receita universal*. À medida que for praticando você mesmo ditará as regras da receita, porque vai ao encontro de suas necessidades e porque satisfaz plenamente às suas exigências. Será a sua maturidade. Seja autônomo!

---

[3]. Philliphus Aureolus Theophrastus Bombastus Hohenheim, dito *Paracelso*, médico e alquimista suíço (1493-1541), baseava seu sistema numa suposta correspondência entre o mundo exterior e o organismo humano. Este sábio afirma: "A diferença entre o remédio e o veneno está na dose".

PARTE II

Razões para utilizar a receita

Introdução

Registramos, nesta segunda parte, alguns pontos que nunca se devem perder de vista em se tratando da planta aloé, conhecida no Brasil pelo nome de *babosa*, planta essa cultivada no fundo de seu quintal, iniciativa sua, que demonstra ser você a pessoa inteligente que é, porque assim age. Você não deve perder de vista tais pontos; antes, mantenha-os presentes quando lida com esta maravilha da natureza, a babosa, ao usá-la para prevenir ou para se curar. Quando decidir recorrer a ela, tenha em mente:

1) A babosa não é tóxica;

2) Babosa *in natura* x babosa industrializada;

3) Babosa é alimento;

4) Babosa reforça o sistema imunológico;

5) Babosa como tratamento preventivo;

6) Babosa como tratamento curativo;

7) Babosa e as reações no organismo;

8) Babosa e as vias de excreção do organismo.

1
A babosa não é planta tóxica

Em *Câncer tem cura!*, cap. 9, p. 149-169, tratamos do assunto, recorrendo à autoridade de duas obras: *A cura silenciosa*, de Bill C. Coats, R. Ph. & Robert Ahola, e *Aloe – Mito – Magia – Medicina*, de Odus M. Hennessee & Bill R. Cook, até citando as páginas da respectiva obra dos abalizados autores. Apesar disso, correm informações de que babosa é veneno, sobretudo se tomada em grandes quantidades e continuamente.

Respondemos, pela nossa experiência de mais de 15 anos, que aquela *babosa*, plantada lá no fundo de seu quintal, *jamais é veneno*. Você poderá contra-arrazoar: *Quod gratis affirmatur, gratis et negatur*. Então me explico. No dia 25.02.00, a Agência Nacional de Vigilância, órgão do Ministério da Saúde do Brasil, publica a Resolução RDC n° 17, de 24 de fevereiro de 2000, através da qual aprova o Regulamento Técnico sobre o Registro de medicamentos fitoterápicos. Em Anexo, elenca 13 (treze) diferentes plantas que não apresentam efeitos colaterais negativos quando utilizadas, entre elas, a babosa. Aí você poderá objetar que a babosa foi liberada para uso tópico. Respondo. Em 1999, percorri o Brasil, dando 200 palestras (observe que o ano consta de apenas 365 dias) em auditórios, sem falar em centenas de Rádios e TVs. No ano 2000, foram 150 conferências. Nesses encontros, ao redor de 50% dos ouvintes diziam conhecer a babosa, afirmando tê-la administrado oralmente, dentro da dosagem indicada por nossa receita. Não se levantou nenhuma voz ou testemunha no sentido que a recetinha ingerida por via oral tivesse intoxicado algum usuário da planta. Pode não ter curado sempre (imagine que bom seria!), mas também mal não fez...

Sobre a quantidade, você é testemunha que, em *Câncer tem cura!*, jamais cometemos a asneira de afirmar que você deve tomar babosa em grande quantidade, às toneladas. Numa palavra, sem critério.

A propósito, o que significa "grande quantidade"? Sim, concordamos que abusar ou exagerar na quantidade pode trazer prejuízo. Mas isso acontece em qualquer nível do agir humano. Até água, quando é demais, mata. Haja vista numa enchente. Não precisa ir muito longe para se averiguar tal verdade.

Quanto a tomar a babosa de forma contínua, igualmente, em *Câncer tem cura!*, não defendemos tal procedimento. Muito pelo contrário. Sugerimos, inclusive, após ingerir um frasco do preparado, fazer algum tipo de pausa. Sempre indicamos intervalos entre uma receita e outra.

Há, no entanto, quem, por exclusiva iniciativa sua, serve-se da babosa os 365 dias do ano. Tais pessoas testemunham que a babosa não lhes causa qualquer tipo de contratempo ou efeito colateral negativo. Ao contrário. Usam-na todos os dias porque, dizem, proporciona-lhes excelente qualidade de vida, dispensando qualquer tipo de remédio alopático.

Em síntese, na dosagem indicada, a pessoa pode servir-se da babosa sempre que o quiser.

Venenoso pode tornar-se o excesso de aloína concentrada. Sendo um dos elementos que compõem a babosa, a indústria obtém-na através de um processo de extração.

Tal produto concentrado encontra-se em farmácias, seja em pó como em barras. Se abusar dessa babosa processada, poderá ter consequências desagradáveis. Mas isso é válido para extratos de qualquer tipo de planta.

Por que correm soltas informações de que a babosa é tóxica e donde provém tais informações? Gostaria de acreditar que as informações de que a babosa é planta tóxica fossem sinceras por parte de quem as divulga. Com outras palavras, a pessoa que afirma que a babosa é tóxica apresente argumentos para provar sua afirmação.

Normalmente, argumenta-se que o elemento *aloína*, contido na babosa, é culpado pelo problema da toxicidade, acrescentando que isso acontece quando a pessoa consome babosa em grande quantidade.

Sobre o segundo aspecto, isto é, da quantidade, embora se trate da aloína, a resposta é a mesma, a saber, se alguém segue a orientação de nossa receita, nunca correrá o risco de intoxicar-se, porque a quantidade ingerida diariamente sempre será mínima. Seria a mesma coisa argumentar que você não pode tomar *um* cafezinho, porque café contém cafeína. Cafeína é apenas um dos diferentes elementos contidos no fruto do cafeeiro, por sinal, útil para o organismo. Problemas pode causá-los o *abuso* do cafezinho, 80, por exemplo!

Minha preocupação é que as informações apresentam, no fundo, a defesa de outros interesses, ou seja, que os produtos vendidos arrotam que, na sua fabricação, a aloína teria sido eliminada, por ser tóxica, segundo suas gratuitas informações.

Respondo que a babosa age sinergeticamente no organismo, isto é, todos os elementos da planta são desencadeados, atuando em perfeita harmonia, como os instrumentos numa orquestra. O corpo absorve o que lhe serve, e, acionando outros sistemas, elimina aquilo que já possui em grau suficiente. Ora, por que não precisaria ele também de alguma porcentagem de aloína? Por sinal, a aloína entra na confecção de remédios contra o reumatismo. Ora, o organismo não poderia apresentar algum resquício de tal moléstia? Eis senão quando, ingerindo a receita, poderia livrar-se do mal. O organismo sabe do que tem necessidade...

Quanto à aloína ser tóxica, só quando consumida em grandes doses e, sobretudo, se for produto concentrado, que, para se obtê-lo, submeteu-se a matéria-prima a altas temperaturas. A nossa receita propõe o uso da babosa que você possui no fundo de seu quintal, sem agrotóxicos, desenvolvida na natureza e em dose racional. Tal receita nunca vai prejudicá-lo. Ao contrário. Alimento, como a babosa é, só produzirá bons efeitos.

Sabe, às vezes, penso que o problema é a maldita *auri sacra fames*. A receita, que você "fabrica" em casa, custa pouco ou nada. O produto industrializado, ao contrário, custa muito dinheiro. Ora, a divulgação da receita caseira implica em despesa insignificante, se comparada ao produto industrializado. E os resultados conseguidos pela receita caseira são iguais ou melhores que os obtidos com o produto industrializado. As multinacionais não veem isso com bons olhos, porque pretendem vender seus produtos.

Espero, um dia, poder informar, com precisão, de quantos gramas de babosa precisamos para obter um grama de aloína. E quantos gramas de aloína o organismo pode tolerar sem danos. Haverei de encontrar laboratório que preste tal serviço aos consumidores da receita caseira, para deixá-los tranquilos quanto ao problema da presença de aloína na confecção, sem prejudicá-los.

Daí que é preciso critério com as informações capciosas que venham criar confusão na cabeça de pessoas ingênuas ou menos bem informadas.

2
Babosa *in natura* x babosa industrializada

As informações de que a babosa é veneno, geralmente, procedem das indústrias, corroboradas por laboratórios e até por enciclopédias, usadas como livros de pesquisa. Qual a diferença?

Tóxica pode ser, e é!, se tomada em considerável volume, a babosa obtida através de processo que passa por altas temperaturas (destilada) e, em seguida, empedrada ou reduzida a pó. Em tais casos, ingerida em grandes proporções, prejudicará, sem dúvida, o organismo.

Mas isto não se restringe apenas à babosa. Toda planta, até um pé de alface, um chá, submetido a altas temperaturas, durante longo tempo em cocção, torna-se tóxico, até certo ponto. A babosa não será exceção. Tal dado nos é fornecido pela *Homeopatia*[1], "método terapêutico que consiste em prescrever a um doente, sob uma forma muito diluída e dinamizada, uma substância capaz de produzir efeitos semelhantes ao que ele apresenta"[2].

As substâncias homeopáticas são obtidas através de processo de maceração farmacêutica, em álcool 96°, durante algum tempo, e ministradas, como terapia, em gotas, mistura-

---

[1]. Este método foi criado, no fim do século XVIII, pelo médico Samuel Hahnemann (1755-1843).
[2]. *Dicionário Houaiss da Língua Portuguesa*. Rio de Janeiro, Objetiva, 2001, p. 1.546.

das em água, jamais receitada em doses cavalares, dada a sua concentração...

No entanto, se você usar as folhas do seu pé de babosa plantado no fundo do terreno, a sua planta, *in natura*, é absolutamente confiável. Jamais aconselhamos à pessoa abusar da quantidade. Dissemos para começar por uma colher das de sopa (10ml) (da porção composta de mel, destilado e folha de babosa *in natura*) pela manhã. A segunda colherada ao meio-dia. A terceira, à hora do jantar. Isso para pessoa adulta; se for criança, a dosagem seja proporcional à idade. Somente após consumir dois a três frascos, sem obter o desejado efeito, é que se aconselha a dobrar a quantidade (duas colheres, três vezes ao dia). No quarto frasco, se ainda não se alcançou o objetivo da cura, passa-se a três colheres, três vezes ao dia. E assim por diante.

Porém, observando-se qualquer contratempo ou imprevisto e suspeitando que causado pela receita, reduza-se a quantidade. Aumentando-se racionalmente a quantidade, há a vantagem de controlar-se, sem levar um tombo logo no início da partida, quando o técnico ainda estará em tempo de tomar as devidas providências e assim evitar a derrota do time.

Nota Bene: Se você dispuser somente da babosa concentrada, deixe-se acompanhar dos serviços técnicos de farmacêutico ou químico, a fim de que, através de seus conhecimentos, o profissional lhe forneça a dosagem suportável para o mal que pretende ver eliminado através dos benefícios da babosa, sem danos causados por eventual overdose.

De qualquer maneira, a sua planta sempre lhe fornecerá folhas aptas para o uso constante, sem efeitos colaterais negativos.

3
Babosa é alimento

É básico ter presente aquele arsenal imenso de propriedades medicinais da babosa, conhecidas do homem desde tempos que afundam no desconhecido das culturas mais antigas. Assim sendo, ela constitui-se, muito mais, num suplemento alimentar do que em remédio. Se você decidir tomar babosa, saiba que optou por alternativa que, acima de tudo, é alimento completo. Há quem, após adotar a rotina da receita de babosa, mel e destilado, dispensasse o café da manhã, sem experimentar qualquer redução de energia.

Na babosa você encontra verdadeiro arsenal de elementos úteis, importantes e até essenciais para o organismo como, entre outros, enzimas, vitaminas, proteínas, aminoácidos, metais, minerais, óleos, monossacarídeos, polissacarídeos, éter, álcoois etc.

A Farmacopeia germânica, na sua edição de 1873, ao tempo de Bismark, já registrava mais de 300 elementos farmacêuticos contidos na babosa. A literatura moderna confirma, hoje, com listas e mais listas de tais elementos, fruto de pesquisas em laboratórios, que trabalham com honestidade, buscando objetivamente a verdade.

Curioso que pessoas, mal informadas, saem à imprensa afirmando que a babosa não apresenta qualquer elemento medicinal. Em tais casos, ou trata-se de ignorância crassa e supina, apresentando-se como quem nega os efeitos curativos das plantas por não conhecer-lhes as propriedades medicinais (existe até uma ciência, conhecida como *Fitoterapia*, "tratamento ou prevenção de doenças através do uso de plantas"[3]), ou tal "cientista" manipula os aparelhos de seu laboratório, conduzindo-os a resultados preconcebidos. De posse de tal "análise", procura a imprensa, falada ou escrita, que se interessa por notícias sensacionalistas, e arrota que o laboratório não registra nenhum fenômeno digno de nota no que tange a efeitos medicinais. Ou, pior, simplesmente não registra nenhum princípio ativo. O leitor ou ouvinte desprevenido, sem acesso a laboratório, absorve tal verdade e deixa perder magnífica chance de apelar para tratamento simples, barato e eficaz, por pura prevenção, porque lhe foi tirado o verdadeiro suporte científico.

Hoje, se houver um mínimo de honestidade de parte de quem lida com análises de laboratório, vai obter os resultados que são do conhecimento do mundo todo sobre a planta. Se alguém argumentar que tal laboratório nada registrou sobre os princípios ativos da planta, saiba que não realizou as citadas análises; considere tal laboratório como laboratório de fundo de quintal, porque tal pessoa faz ciência tendo em vista, em primeiro lugar, outros interesses – os seus! –, nunca os científicos. Ciência se faz sempre quando se busca a verdade acima de tudo. De mais a mais, cedo ou tarde, a verdade, nua e crua, aparecerá, doa a quem doer. Por isso, o Evangelho afirma: "A verdade vos salvará" (Jo 8,32).

Na década de 1960 eram cientistas estrangeiros, camuflados em missionários de alguma Igreja, que iam ao encontro

---

3. *Dicionário Houaiss da Língua Portuguesa*, p. 1.352.

dos nossos indígenas da Amazônia, explorando-os em seus conhecimentos fitoterápicos.

A partir da década de 1980, são cientistas declarados que carregam com nossa flora, transformando em remédios os princípios ativos de nossas plantas. Exemplo? Os japoneses registraram a espinheira santa e produziram meia dúzia de remédios dela derivados. Observe-se que a espinheira santa não vinga no Japão; buscam aqui a matéria-prima.

Idem com o cogumelo. O livro *A solução para o câncer*, de Takashi Mizuno[4], divulga o uso do cogumelo *Agaricus* como inibidor do câncer em 99,4%.

Até o quebra-pedra, foi provado, quebra pedra, como era do conhecimento dos nossos avós, ou seja, o quebra-pedra vai corroendo, ralando o cálculo até que, reduzido em seu tamanho, possa escoar pelas vias normais de excreção.

Ultimamente, cientistas alemães e franceses registraram o picão e o caruru como ervas de propriedades medicinais.

Menos mal, que, atualmente, afloram, sempre mais, informações, em revistas, jornais e TV, de que os cientistas concordam existir plantas medicinais. Tal realidade está sendo estudada e aceita nos meios científicos e já é adotada por inúmeros profissionais da medicina ortodoxa.

---

4. MIZUNO, Takashi. *A solução para o câncer*. São Paulo, 1997.

4
A babosa reforça o sistema imunológico

A babosa, acionando seus mais de 300 elementos farmacêuticos e seus princípios ativos, reforça o sistema imunológico, predispondo o organismo para enfrentar os mais duros embates com que a vida pode nos surpreender. Eis por que ouvimos depoimentos como este, ou semelhantes, da parte de pessoas que dela fizeram uso.

– Eu me gripava à toa. Curtia três a quatro gripes por ano. "Aquilo" era sagrado. Agora, depois que tomo a babosa, olha, nem resfriado... Adeus, gripe!

O que fez tal pessoa? Simples. Recorrendo à receita, reforçou suas defesas. E você, com as defesas em alta, não contrai gripe. Nem Aids. Para dar dois exemplos extremos. Sim, porque é quando está com seu sistema defensivo precário que você será atacado e ficará exposto a todo tipo de agressão.

Se meu telhado for de brasilite, zinco ou telha de cerâmica, não devo cometer a asneira de provocar meu inimigo, que possui telhado à prova de míssil. Se acionar o diabólico artefato contra aquele meu telhado simples, estarei frito em pouca banha... Se meu telhado, porém, for construído segundo os requisitos, como os palácios de Sadam Hussein, posso até provocar os aviões americanos para o bombardeio. Meu telhado passará no teste. Quanto ao bombardeio do inimigo, não passará de divertido espetáculo pirotécnico.

Poderíamos dar o exemplo do futebol. Time com boa defesa dificilmente leva gol. Agora, caso contrário, se a defesa for uma "peneira", a equipe irá de goleada em goleada.

Em tudo é assim. Também na saúde. Portanto, meu irmão, previna-se. Ou, como diz sabiamente o povão: "E melhor prevenir que remediar..." Tomando a babosa, você estará preparado para o que der e vier. Se o temporal se armar, você já sabe onde procurar abrigo.

Em resumo, tomando a babosa, você estará investindo no melhor plano de saúde, o qual reverterá em excelente qualidade de vida, sem maiores despesas.

5
A babosa no tratamento preventivo

A receita, seja para o tratamento preventivo como para curativo, é sempre a mesma. O que muda é o *intervalo* entre um frasco e outro. No tratamento preventivo, quem estabelece a pausa é o usuário.

Digamos que você, felizmente, goza de invejável saúde. Dorme bem. Come de tudo. Nada lhe faz mal. Não sabe o que seja dor de cabeça, dor de estômago. Trabalha. Nunca fez regime. Tal quadro de saúde você o atribui à sua moderação. Você não abusa.

– Nada de excessos!, é seu lema de vida. Pergunto:

– Pessoa que goza de tão excelente estado de saúde pode aventurar-se a tomar a babosa?

– Pode, sim, sempre que o quiser.

– Quantas vezes ao ano? Uma? Três? Cinco?

– Tantas quantas quiser. Não há norma para se tomar a babosa como preventivo.

– Quantos frascos de babosa tomar por ano?

– Pode ser um frasco por ano. Ou de seis em seis meses. Ou de três em três. Ou de dois em dois. Ou de mês em mês. A pessoa decide. É como se fosse suco de laranja, rico em vitamina C. Quantas vezes podemos tomar suco de laranja? Sempre que se desejar! Não existe regra ou critério que determine quantas vezes, por ano, a gente pode tomar suco de laranja...

Frise-se que tomar babosa não prejudica o seu excelente estado de saúde. Pelo contrário. Sua performance será mantida e até melhorada. Experimentará maior disposição para tudo. Você o constatará.

– Permita-me, leitor, deixar conselho amigo para os meus companheiros da terceira idade. Embora seja você considerado pessoa de idade, mas gozando de boa saúde, aconselho-o a tomar a babosa mais vezes ao ano. Por quê? Simples. À medida em que vamos empilhando anos, a gente vai perdendo elementos que o organismo não sabe repor com a facilidade de um organismo jovem. Aliás, eis, precisamente, o que é o processo do envelhecimento: Perdemos elementos que o organismo não sabe repor. Ora, a babosa, tão rica em elementos, retardará esse processo natural, repondo boa parte de sais minerais, vitaminas, enzimas, proteínas etc., tão importantes para a manutenção de uma saúde regular. Tal procedimento proporcionar-lhe-á, seguramente, melhor qualidade de vida, mais saúde.

Como é gratificante tratar com pessoa avançada em anos, qual é o problema?, mas sem esclerose, com boa visão e audição, locomovendo-se autonomamente, no pleno uso de suas faculdades, consciente, lúcida, alimentando sonhos, armazenando projetos ou planos para sua vida! Quantos frascos por ano tal pessoa poderá tomar?

– Tome um frasco. Terminado seu conteúdo, programe-se para um próximo frasco dentro de um a dois meses.

Para pessoa mais jovem, o espaço de tempo, entre um frasco e outro, poderá ser maior do que pode acontecer com usuário de mais idade.

Não se trata de esnobar beleza ou arrotar a descoberta do elixir da eterna juventude. A propósito, não é pecado apresentar-se jovem e/ou bonito. Por que não se apresentar como pessoa de idade, sim, mas bonita e que aparenta menos anos do que de fato registram os documentos? O essencial, na verdade, é a qualidade de vida. Isso é que importa. Se a gente viver até 150 anos, que seja com saúde. A qualidade de vida certamente garantirá vida longa. Cultivemo-la.

6
A babosa no tratamento curativo

Como já nos referimos no capítulo anterior, a diferença entre o tratamento preventivo e o tratamento curativo encontra-se no *intervalo* entre um frasco e outro. A receita é a mesma. Enquanto que no tratamento preventivo é você que determina o intervalo entre um frasco e outro, no tratamento curativo, quanto menor for o espaço de tempo entre um frasco e outro, melhor, qualquer coisa assim de três ou quatro dias, uma semana, no máximo. E que não se pode *dar tréguas ao mal para recuperar-se ou refazer-se*. Se, eventualmente, as perspectivas não forem positivas para o paciente, poderá partir para um tratamento contínuo, isto é, sem pausa. Enquanto não se observar a cura definitiva do paciente, cura essa que pode ser controlada pelos exames, realizados, de preferência, com o médico que diagnosticou seu mal, continue tomando a receita. Caso as análises rezem que o mal ainda não desapareceu, prossiga com o tratamento, sem longos intervalos entre um frasco e outro; aliás, quando se trata de alcançar a cura, quanto menor a pausa, melhor, já ficou dito. Continue com o tratamento até conseguir seu intento, que é a cura, aumentando a dose, sempre que for preciso.

Teoricamente, deve dar certo. Digo, teoricamente. Na prática, supõe-se a colaboração íntima e profunda do indivíduo, o que, às vezes, falta. Sem essa colaboração, a cura dificilmente acontecerá. Aliás, são os profissionais da medicina clássica os que têm mais experiência nesse campo. Quando o doente colabora com a sua cura, os remédios realizam "milagres", produzindo efeitos muito além do esperado ou do previsto na bula.

Importante ter presente que o ser humano é fruto de um conjunto de fatores: corpo, espírito, mente, sensibilidades, inteligência, sentimentos, emoção. Tais fatores estão interligados. Se um estiver mal, os demais sofrem, de alguma forma, e vice-versa. Pois a tarefa da pessoa é fazer com que todos os fatores sejam desenvolvidos equilibradamente. É o lado holístico do ser humano. Assim sendo, a doença não precisa ser, necessariamente, de procedência física. Pode ser causada pelo lado psicológico, ou espiritual, ou mental. Eis por que é fundamental levar sadios todos os níveis, em equilíbrio. Se assim for, as perspectivas de saúde serão maiores. As doenças entram e saem holisticamente.

Não esquecer que a doença, como a dor, a febre, é sinal de alarme do organismo: Algo de agressivo, de perigoso, está acontecendo. É algo semelhante à luzinha que se acende no painel do carro. Verifique a causa disso.

O procedimento da medicina alopática é acudir com remédios para eliminar a dor, não se preocupando com a causa dela.

No caso da luzinha do painel do carro, o caminho mais cômodo é passar a mão no alicate e cortar os fios. Tarefa muito fácil, sim, mas não se admire se, dois quilômetros dali, fundir-se o motor...

Dor de cabeça? Dor de estômago? Busque saber os motivos!

Diga-se de passagem, a medicina oficial é muito eficaz no combate à dor; devia esmerar-se também em conhecer-lhe a causa. Ideal: Conhecer a origem da dor e da doença; é preciso buscar resolver o problema em seu nascedouro, e possuir recursos para eliminar-lhes a origem.

A maioria esmagadora das pessoas utiliza a babosa como *curativo*. É um equívoco. Muito mais importante, usá-la como *preventivo*.

Seja como for, saiba que a babosa é desintoxicante poderosíssimo. Assim sendo, eis que pode curar, porque, além do mais, reconstitui as células, restaurando o organismo. Prova disso encontra-se no fato de várias pessoas, daqui como também do exterior, tendo passado pela colostomia (cirurgia do cólon) em virtude de obstrução intestinal, após ingerir vários frascos do nosso preparado acabaram submetidos a ligeiro pique de bisturi, eliminando a incômoda "bolsinha", pendurada aí para o resto da vida, segundo o cirurgião clássico. Depois do tratamento com babosa, o tal "saquinho" virou peça de museu.

É inegável que a alternativa mais procurada pelos consumidores é buscar a babosa em vista de seu extraordinário poder de cura. Nunca será demais frisar que os usuários da receita deveriam buscá-la pelo seu poder preventivo.

Caso você estiver doente, isto é, intoxicado, a babosa pode servir como excepcional depurativo. Neste caso, apele para a sua generosidade, e você, de repente, consegue, através dela, livrar-se dos achaques que o acometem.

Evidente (nem precisaria dizê-lo!) que você deve ser o primeiro agente de sua saúde. "Se você não for médico de si mesmo, já aos 30 anos, mata-se". Jargão médico retruca: "Quem for médico de si mesmo terá um louco por paciente". Quero dizer que você é quem deve saber a dosagem exata, o que pode ou não pode, a alimentação balanceada, racional, sem agrotóxicos, sem as agressividades ao organismo, sem abusos de álcool, fumo, droga. É você quem comandará tal espetáculo. Seu médico poderá muito pouco, se você não lhe emprestar ajuda; aliás, você estará, em primeiro lugar, emprestando ajuda a si mesmo! O interesse na boa saúde é exclusivamente seu. Tome conta dela com carinho, e viverá feliz! Sim, porque, sem saúde, pouco ou nada valem dinheiro e poder; que prazer proporciona a vida sem saúde?!

Deixar-se levar mais pelo valor alimentar do que pelo gosto, sabor ou apetite, é medida de prudência. Diz o povo, com sabedoria:

– O peixe morre pela boca.

– O homem também!, acrescento.

A medicina oficial admite, hoje, como dado, que o ser humano é máquina montada por Deus para durar, aproximadamente, 150 anos, com saúde.

Para onde vão os outros mais de 50% do tempo de vida da maioria dos mortais?

Imaginemos o caminhão que transporta soja a granel da região-celeiro para o porto de Rio Grande, distância, em números redondos, de mil km. Acontece que tal veículo esconde um orifício na carroceria. Através dele, com o sacolejar da viagem, causados pela irregularidade da estrada e consequentes solavancos, perdem-se milhares de grãos ao longo da rodovia, para a alegria dos pequenos animais que por aí se multiplicam e precisam viver.

Na trajetória de nossa vida, vamos perdendo dias, semanas, anos de vida, perdas que, com pequenas providências, poderíamos evitar. Enquanto não se tomarem providências (bastaria recorrer a um tampão para eliminar aquele orifício na carroceria do caminhão!), temos que apelar para a poupança depositada na conta de nossa vida. Com outras palavras, vamos queimando as nossas reservas, vamos lançando mão nelas antes do tempo, sem necessidade.

Com referência à babosa, usa-se como *preventivo;* só em último caso, use-a como *curativo*. Agindo assim, será muito mais lucrativo para você... Economizará dinheiro (não precisará de remédios!) e tempo de vida (isto é, não precisará "mexer na sua poupança").

7
Fenômenos ou reações no organismo

Quem toma a receita de babosa, mel e destilado, seja como preventivo ou como curativo, poderá constatar fenômenos um tanto estranhos em seu organismo. Não se assuste. É a natureza que, através das vias de excreção, sem dano algum a qualquer parte do corpo, inicia o processo de purificação. A limpeza acontece, aproveitando-se das vias normais de excreção existentes no organismo. Tais fenômenos podem registrar-se quando a pessoa usar a babosa como – *preventivo* ou se a tomar como *curativo*.

Importante que você tome conhecimento de como tais efeitos se processam no organismo.

Vejamos algumas observações gerais sobre os fenômenos possíveis que o organismo registra, quando se toma a receita da babosa:

1) Os efeitos não podem durar muito tempo. Algumas horas. Meio dia. Um dia. Dois dias. Três dias. Dificilmente passam disso.

2) Os efeitos devem acontecer! A sua manifestação é garantia de que se processa a desintoxicação e/ou a cura do organismo doente.

3) Os efeitos não coincidem todos ao mesmo tempo ou duma vez. É normal que se apresente um, às vezes dois, raramente, três.

4) Quando sobrevêm o fenômeno, por favor, não se apavore, suspendendo o tratamento. Não. A presença do fenômeno é garantia de cura iminente; é apenas questão de tempo. Basta continuar o tratamento para obter a cura definitiva.

Quando registrar o fenômeno, no máximo, reduza a quantidade, digamos, à metade, já que, com algum tipo de efeito, é desagradável conviver. Terminado o tempo da manifestação do fenômeno, volte, devagarinho, à dose costumeira.

5) Seu organismo não sofrerá nenhum tipo de agressão ou lesão. Antes, o organismo será acionado em suas válvulas de escape ou, dito de outra forma, ele mesmo decidirá usar suas vias normais de excreção; e saberá para quais delas apelar. Deixe com ele. Ele sabe o que lhe convém... Ao invés de sofrer agressão, passará por uma purificação em regra.

8
As vias de excreção do organismo

Quatro são as vias de excreção do organismo:
1) *Pele*
2) *Fezes*
3) *Urina*
4) *Vômito*

E, normalmente, são duas as reações do organismo:
1) *Dor*
2) *Febre*

Ad. 1) *Pele*. Se o organismo decidir purificar-se através da pele, você experimentará, desde algum prurido em sua superfície, em qualquer parte do corpo, até abscesso, para colocar os dois extremos. Saiba que essa eventual coceira não se localiza, necessariamente, num único ponto.

Entre os dois extremos – prurido e abscesso – poderá ocorrer alguma via intermediária, por exemplo, erupção de pele, tipo sarampo, ou bolhas d'água, tipo varicela ou catapora.

Se o fenômeno manifestado for o furúnculo, não pense que você passará, obrigatoriamente, pelo mesmo processo do leicenço ou mijacão de antigamente.

Com calma, abra a folha de babosa e aplique a parte interna da mesma – o gel –, deixando a casca, na área avermelhada onde ficou decidido que se estabelecerá o tumor. Prenda a babosa no ponto afetado com esparadrapo ou providencie faixa ou atadura: O curativo fica a seu critério. Experimentará logo algum alfinetaço. Normal. É a babosa que está "puxando". Você acertou. Está no caminho certo da cura.

Dentro de três horas, aproximadamente, o abscesso vem a furo. Providencie a limpeza da área, já que surgirá muito pus, sangue podre, sujeira, numa palavra. Realizada a higiene, aplique novamente a parte interna da folha da babosa no orifício por onde saiu toda aquela matéria. Ao redor de 24 horas depois da operação, até menos, constatará que a área do apostema está sem dor e, sobretudo, para sua estupefação, cicatrizada... Cicatrização muito rápida? E que agora seu sangue ficou uma joia. Ferida demora a cicatrizar por causa da má qualidade do sangue.

Ad. 2) *Fezes*. Importante saber que a babosa é poderoso laxante. Ao lado de vermífugo, é um dos poucos usos da babosa aplicados pela medicina clássica. Sendo laxante, após algum tempo de uso regular da receita, você poderá constatar desde certos movimentos intestinais, até diarreia, para citar extremos. Embora sendo laxante, vai regular seu intestino. Verá...

O fenômeno manifestar-se-á por algumas horas, até três dias, no máximo. Ninguém gosta de andar com intestino solto, quando envolvido em suas atividades. Pois bem. Reduza a quantidade que você decidira ingerir, ou seja, se você estava tomando aquela colherada abundante, três vezes ao dia, reduza esta colherada à metade. Em breve, a situação desagradável desaparecerá, e tudo voltará ao normal.

Passado o período de soltura, lentamente, volte à dosagem normal. A babosa tem o poder de regular o intestino, repito.

Ad. 3) *Urina*. Se a babosa é laxante, saiba que é também excelente diurético. Depois de algum tempo de uso da receita, você poderá observar que está urinando com mais frequência, com mais espontaneidade, com mais abundância. Além disso, o xixi poderá apresentar características de cheiro e cor acentuadamente mais fortes.

Se o problema for de fígado (hepatite do tipo A, B, C ou cirrose hepática ou câncer no fígado, que a babosa cura!), a urina sairá escura como café, chocolate. É que a babosa dissolveu a parte gelatinosa do fígado, sobrando uma tela, uma teia. Como o fígado é o único órgão do corpo que se refaz, dentro de curto espaço de tempo você terá um fígado *zero km*. A prova está que, antes de tomar a receita, qualquer fritura ou destilado ingeridos causavam-lhe mal-estar, com arrepios; após a receita, você tolera tudo quanto uma pessoa de fígado sadio aceita.

Ad. 4) *Vômito*. Quando ingerimos alguma comida estragada, criam-se colônias de bactérias que se acumulam no fígado. A víscera, em luta insana, aos corcovos, tentará desvencilhar-se daqueles seres estranhos, invertendo os movimentos peristálticos, causadores do refluxo. É o fenômeno do vômito, desconforto para todos nós.

Sob o efeito da babosa, porém, você poderá vomitar, sim, mas acontecerá através de jato único, sem os antecedentes típicos do mal-estar causado por alimentos vencidos.

Logo após a descarga, efeito do preparado, experimentará a sensação de alívio, como se tivesse retirado um peso de cima de você.

Durante o surgimento dos fenômenos acima mencionados, duas reações no corpo podem ser constatadas:

Ad. 1) *Dor.* Lá pelas tantas, poderá constatar dores generalizadas pelo corpo, como se você, na véspera, tivesse realizado longa caminhada ou ter-se excedido em praticar algum esporte ou trabalho como há muito tempo não fazia. Se assim fosse, natural que o corpo esteja um tanto dolorido. Mas você não praticou nenhuma extravagância. De onde vem esta dorzinha generalizada? O que está quebrando sua rotina é só que você toma a receita da babosa, mel e destilado. Mais nada.

A dor poderá localizar-se em ponto determinado se você apresentar algum problema local. Demos exemplo característico para homem e para mulher: Se você for portador de câncer de próstata, poderá experimentar dor na região abdominal, baixo ventre. A mulher que apresentar tumor no seio, poderá constatar dores na axila, nas costelas, no ombro, na região da mama, numa palavra.

Ad. 2) *Febre.* Quando menos se aperceber, ao final da tarde, manifesta-se uma febrezinha sem explicação, coisa pouca, algo assim de chegar de 37,5 a 38-38,5°. Nunca será aquele febrão. Não precisa providenciar antitérmico. Assim como veio, a febre também vai.

PARTE III

A utilização da babosa nas doenças

Introdução

Encontramos diversas listas de doenças que sugerem a possibilidade de tratá-las, recorrendo à babosa como matéria-prima. Algumas, mais raras, com respaldo científico recente; outras, mais abundantes, herdadas, através das gerações, graças a experiências milenares. *Câncer tem cura!*, por exemplo, da p. 79-83, oferece duas listas de doenças curáveis através da babosa. No tratamento de doenças, a primeira lista, de modo geral, aplica a receita de babosa, mel e destilado para uso interno. Na segunda, na sua maioria, trata-se de casos em que, quase sempre, indica-se a aplicação tópica da folha da planta como forma de se livrar do incômodo.

Aí registrávamos a lista de doenças curáveis pelo uso da babosa, lista buscada em *A cura silenciosa*, p. 40s., de Bill C. Coats, R. Ph., com Robert Ahola. Tal lista é transcrita, posteriormente, por Neil Stevens, em *O poder curativo da babosa*, p. 65s. No cap. 10, desta obra, da p. 101-104, encontramos *Usos da babosa de A a Z*.

Na terceira parte de *Babosa não é remédio... mas cura!*, pretendemos, da maneira mais clara e sucinta possível, aproveitando o rol de doenças, de A a Z, fornecido por Neil Stevens, oferecer a forma de aplicar a babosa interna e/ou externamente, na tentativa de tratar e/ou curar os seus males. O autor apenas oferece, em ordem alfabética, a listagem das doenças. Com a lista em punho, explicamos como empregar a babosa em cada um dos tipos de doenças aí elencadas.

Nosso trabalho toma as palavras da lista. Talvez você poderia não conhecer bem uma ou outra doença e/ou suas manifestações. Para obter informações ou para definir a doença, buscamos a explicação ou no *Dicionário Médico Andrei* ou no *Novo Dicionário Aurélio da Língua Portuguesa* ou no recente *Dicionário Houaiss da Língua Portuguesa*. Definida ou explicada a doença, entramos com as indicações práticas para cada caso.

Esperamos que você, de posse de nossas informações, consiga ajudar-se na solução do problema que o envolve no momento.

Falando em lista de doenças, a Dra. Marie Lecardonnel, em *O novo guia do aloés – Receitas práticas para a sua saúde* (Cascais/Portugal: Publicações Prevenção da Saúde), constituindo-se na Terceira Parte de sua alentada obra de quase 300 páginas, fornece exaustiva lista de doenças curáveis pela babosa, com o título: *De A a Z – O aloés e as doenças*.

O trabalho de Marie Lecardonnel, depois de elencar as doenças, em ordem alfabética, consiste em:

1º) Tecer considerações técnicas acessíveis a respeito da forma como o mal se apresenta;

2º) Dar conselhos gerais de alguma utilidade para o paciente;

3º) Fornecer resultados de alguma pesquisa científica naquela área;

4º) Sugerir o uso de babosa, com aplicação interna ou externa, segundo o caso;

5º) Por último, fornecer testemunhas de curas efetuadas por doentes que fizeram uso da babosa para solucionar seu problema.

A Dra. Marie tem a bondade de citar a nossa receita, de uma ponta até outra de seu livro, direta ou indiretamente, quase 100 vezes. Coloca-nos no paraíso, ante os resultados "miraculosos" obtidos no mundo por todos quantos fizeram uso da babosa, porque ressuscitamos e divulgamos tal receita, simples, barata e eficaz, bem ao estilo franciscano, em benefício da humanidade, sem qualquer discriminação, conclamando a todos e a cada um a preparar em casa a sua receita.

Vílson Francisco Bonacin, em abril de 2001, enviou-nos, de Curitiba, PR, disquete com sugestão de título para o então projetado livro. Propõe "Babosa não é remédio, mas que cura, cura!" Junto à sugestão de título, colabora com "Dicionário com definições sucintas das principais doenças", em ordem alfabética. Bonacin seleciona 341 termos, muitos dos quais Neil Stevens registra; mas, como se observa, mais que o dobro conseguido pelo autor americano. Na verdade, o paranaense, talvez, no afã de levar esperanças de resposta positiva a doentes em desespero de causa, inclui tipos de doenças, os quais, certamente, só acudidos pela babosa, não poderiam apresentar qualquer possibilidade de sucesso. Citemos alguns exemplos: cárie, cleptomanía, estrabismo, fratura, gagueira, lábio leporino, mongolismo etc. Seria perigoso sugerir ou garantir cura, através da babosa, a portadores de alguma moléstia acima citada. A pessoa estrábica, por exemplo, submeter-se-ia a tratamento com babosa e não observaria qualquer resultado. O portador de cárie aplicaría babosa no dente sem constatar qualquer benefício. Quem vai tomar babosa para livrar-se da cleptomanía? Inconcebível alguém fraturar o fémur e decidir aplicar babosa no local, sem tomar outras providências (engessar)! Não se corrige lábio leporino com uma poção de babosa! Não seria ético despertar esperanças em portadores de moléstias, sabendo que a planta não pode e não sabe ajudar. Se assim fosse, babosa viraria panaceia. Porém, a pessoa que convive com problemas como os acima relacionados e/ou outros, pode tomar a receita de babosa, mel e destilado a título de prevenção; saiba, porém, que a babosa, infelizmente, não resolverá este seu problema específico. É preciso dizê-lo com toda a honestidade e com todas as letras.

A

Abscesso (apostema, furúnculo, leicenço, mijacão, panarício, tumor) – "Pus acumulado numa cavidade formada em meio dos tecidos orgânicos, ou mesmo num órgão cavitário, em consequência de processo inflamatório; apostema"[1].

– Em caso de abscesso, esse acúmulo de pus localizado em determinada parte do corpo, posso socorrer-me da babosa?

– Sem dúvida.

– Como?

– Através de aplicação tópica.

– De que maneira proceder?

– Imagine a folha da planta. Ela forma uma unidade como se fossem as mãos postas. Abra longitudinalmente, com a faca, uma folha da planta. Sem soltá-la da casca, aplique a parte interna da folha, a parte gelatinosa, no ponto onde o abscesso decidiu localizar-se. Tenha o cuidado que a polpa faça contato direto com a pele inflamada. Prenda esse pedaço de folha com esparadrapo. Ou enfaixe a área. Dentro de breve tempo, começará a latejar. Sentirá fisgadas, tipo alfinetaço. Excelentemente bem feito seu curativo! É a babosa que está

---

1. *Novo Dicionário Aurélio da Língua Portuguesa*. Rio de Janeiro: Nova Fronteira, 1996.

"puxando" o pus para fora do tecido orgânico doente. Dentro de algumas horas (três a quatro), vai estourar. Quando observar algo que escorre, providencie atenta higiene, recolhendo aquela abundância de pus, sangue podre. Recolhida a matéria, use aquela segunda parte da folha de babosa, esquecida ao lado, repetindo o curativo. Dentro de 24 horas, o local estará cicatrizado, praticamente sem deixar vestígios. Observe a pele tenra, avermelhada, sadia, sem a mínima dor.

Nota Bene: Evite o surgimento de abscessos, tomando a receita de babosa, mel e destilado. Ingerir o preparado é o mesmo que purificar o sangue. O abscesso é provocado pela má qualidade do sangue. Contaminado, o organismo providencia a coleta das toxinas, colocando-as naquela cesta de lixo, o abscesso. O sangue é para o corpo o que representa o combustível para o motor a explosão. Buscar combustível de qualidade para o motor representa vida longa para seu veículo. Guardadas as proporções, o mesmo é o sangue para o nosso organismo.

Acidez no estômago (azia, gastrite, hiperacidez gástrica, pirose) – "Hiperacidez gástrica: estado produzido por excesso de liberação de suco gástrico, caracterizado por sensação de queimação estomacal (é uma das causas básicas da úlcera gástrica)"[2].

– Em tais casos (acidez, azia, gastrite, pirose), posso usar a babosa? Em caso positivo, como?

– Providencie a receita da babosa, mel e destilado. Um frasco resolve o problema; para confirmar os resultados positivos, recorra a um segundo e, eventualmente, até a um terceiro frasco, sem longa pausa entre um e outro (algo assim entre

---

2. *Dicionário Houaiss da Língua Portuguesa*, sob "hiperacidez gástrica", p.1.534.

três a quatro dias, uma semana, ao máximo). *Outra opção:* tablete de babosa *in natura* na boca, durante o dia todo, engolindo a saliva. *Outra forma:* picar a folha, como se costuma fazer com a cebola. Despeja-se água e toma-se aquela água. Repõe-se nova água. Dentro de uma a duas horas, volta-se a ingerir aquela água ali decantada, repetindo-se a operação. E assim sucessivamente durante o dia.

Acne (Espinha) – "Erupção folicular, papilar, ou pustulosa resultante de inflamação com acúmulo de secreção, que afeta as glândulas sebáceas. *Acne juvenil* – a que é produzida pela variação das taxas hormonais, especialmente dos androgênios e estrogênios, que comumente ocorre na puberdade"[3].

Apele para a receita caseira de babosa, mel e destilado. Com ela desobstruirá as glândulas sebáceas. Quando as espinhas já se manifestaram, aplique, no ponto onde apareceram as borbulhas de pele, pequena lasca da folha de babosa, sua parte interna (gel), prendendo-a com esparadrapo ou *band-aid*. A babosa vai, da noite para o dia, absorvê-la ou soltá-la, sem precisar espremer a espinha e, por isso, sem deixar marcas.

Afonia – "Perda da voz, voz apagada, provocada por uma paralisia, uma lesão ou uma inibição dos órgãos da fonação"[4].

Usa-se apenas a receita caseira de babosa, mel e destilado. Se não resolver com a primeira receita, repita-se a operação tantas vezes quantas forem necessárias para equacionar o problema. Caso persistirem os sintomas, consulte o médico.

Nota Bene: Não parece indicado o uso externo ou tópico da folha.

---

3. *Dicionário Houaiss da Língua Portuguesa,* p. 59.
4. *Dicionário Médico Andrei.* 7. ed. São Paulo: Andrei Editora, 1997, p. 32.

Aftas ou úlceras – "Pequena ulceração superficial dolorosa, observada geralmente na mucosa bucal e mais raramente na mucosa genital, de causa desconhecida, com recidivas atribuídas a vírus ou fungos, desequilíbrio hormonal, problemas alimentares ou estresse/podendo apresentar-se isolada ou associada a doenças sistêmicas"[5].

A longo prazo, a receita de babosa, mel e destilado porá ordem na casa. Descongestionando o organismo, livrá-lo-á de contratempos provenientes de qualquer natureza.

A aplicação tópica, seja em aftas nas gengivas, boca e partes genitais, é tiro e queda! Ou seja, aplique-se pequena fatia da folha (a parte gelatinosa) no ponto afetado. Fazendo-se o curativo à noite, obterá a solução já no dia seguinte. Experimente. E saberá confirmá-lo... A aplicação tópica sirva de pronto socorro.

Aids – "Doença muito grave provocada por um vírus (HIV: vírus da imunodeficiência humana, do grupo retrovírus), que destrói as defesas imunitárias do organismo (os linfócitos T) e o expõe a diversas infecções oportunistas temíveis: candidose esofagiana e broncopulmonar, cripto-cocose disseminada do sistema nervoso central, pneumonia intersticial à *Pneumocysis carinii* ou a micobactérias atípicas, toxoplasmose, histoplasmose, infecções a cito-megalovírus e ao vírus herpético. Acrescentam-se ainda, em todos os estágios da doença, certos cânceres (sarcoma de Kaposi, linfornas). O vírus é transmitido pelo sangue e pelo esperma. Os indivíduos de alto risco são os toxicômanos que utilizam as seringas contaminadas, os homossexuais, as prostitutas (a transmissão por transfusão sanguínea é menos perigosa depois da pesquisa sistemática da soropositividade nos doadores). Os testes sanguíneos podem ser positivos (sujeitos ou portadores do HIV) durante períodos bastante

---

[5]. *Dicionário Houaiss da Língua Portuguesa*, p. 109.

longos (até vários anos) antes do aparecimento das manifestações clínicas. As primeiras manifestações (pré-Aids) consistem em: crises febris repetidas, diarreia, emagrecimento, linfadenopatias. Os primeiros casos de Aids foram descritos nos Estados Unidos, em 1979, nos homossexuais, mas percebeu-se que a doença existia também em certas regiões da África Equatorial e no Haiti, igualmente nos heterossexuais. Sin.: carência imunitária T epidêmica (Cite), déficit imunitário adquirido, síndrome da imunodeficiência adquirida, síndrome de imunodepressão T epidêmica (Site). Ling.: 1) Os peritos da OMS dão a seguinte definição da Aids: 'O estádio último e o mais grave de um largo espectro de patologias associadas ao HIV'"[6].

O uso da receita de babosa, mel e destilado tem curado Aids. O tratamento é longo. Não faça intervalo maior entre um frasco e outro do que de três a quatro dias, uma semana. Possuímos farta literatura que comprova que babosa cura Aids. A razão é simples: babosa reforça o sistema imunológico, exatamente a parte frágil nos aidéticos.

Alergias – "Hipersensibilidade adquirida do organismo a uma substância estranha (alérgeno), quer se trate de uma substância normalmente inofensiva (pelo, poeira, pólen, leite etc.) ou de um produto medicamentoso ou bacteriano. Ela se traduz por uma reação imediata de diversos tipos (eczema, urticária, coriza espasmódica, asma)"[7].

Como se trata do sistema imunitário enfraquecido, vamos reforçá-lo com a receita da babosa, mel e destilado. Se for preciso, repita a dose. Caso a alergia tiver produzido alguma inflamação ou danos à pele, pode-se recorrer à aplicação tópica.

---

6. *Dicionário Médico Andrei*, p. 34-35.
7. *Dicionário Médico Andrei*, p. 38.

Amigdalite – "Inflamação aguda ou crônica, de origem infecciosa, das amígdalas palatinas ou linguais"[8].

Como a própria definição diz, trata-se de inflamação infecciosa das amígdalas. Sendo inflamação, seja em que parte do corpo for, a indicação é a receita de babosa, mel e destilado.

Nota Bene: Se o paciente quiser, poderá, com vantagem, manter pequeno cubo da folha da babosa na boca, à guisa de chiclete. Engula a saliva que as glândulas salivares, em contato com tal bloco, segregarão. Pode-se adotar essa prática o dia todo e à noite também. Tal uso apressará o processo de desinfecção.

Anemia – "Diminuição abaixo dos valores normais do número de eritrócitos no sangue circulante e/ou do seu conteúdo de hemoglobina. Fala-se de anemia quando a concentração de hemoglobina é inferior a 13g por 100ml no homem e a11g por 100ml na mulher. A anemia pode se manifestar por diversos sintomas: palidez da pele e das mucosas, síncopes, vertigens, taquicardia, distúrbios digestivos"[9].

O anêmico apresenta debilidades. Para acudi-lo, tome uma sucessão de frascos da receita de babosa, mel e destilado.

Nota Bene: Em caso de anemia pura e simples, não se prevê a aplicação tópica da babosa.

Anorexia – "Redução ou perda de apetite; inapetência"[10].

Basta aplicar a receita de babosa, mel e destilado para corrigir a disfunção. Se a anorexia for de fundo mental ou nervoso, o paciente acompanhe-se de profissional da área psicológica, a fim de buscar a origem do fenômeno. Sobretudo o público fe-

---

8. *Dicionário Houaiss da Língua Portuguesa,* p. 189.
9. *Dicionário Médico Andrei,* p. 47-48.
10. *Novo Dicionário Aurélio da Língua Portuguesa,* p.126.

minino, cuidado com drogas que prometem emagrecimento rápido; além de "aliviar" a bolsa, podem pôr em risco a saúde!

Arteriosclerose – "Doença degenerativa da artéria devido à destruição das fibras musculares lisas e das fibras elásticas que a constituem, levando a um endurecimento da parede arterial, geralmente produzida por hipertensão arterial de longa duração ou pelo aumento da idade"[11].

Aplicação, com frequência, da receita de babosa, mel e destilado é a dica. A cura pode demorar de três a seis meses. Pausa, se a fizer, entre um frasco e outro, seja breve.

Artrite – "Inflamação de uma articulação. Ela pode ser aguda ou crônica, consecutiva a um traumatismo, ou devido a uma doença (reumatismo articular agudo, gota, poliartrite crônica evolutiva, blenorragia etc.)"[12].

Providencie uma sucessão de frascos com a receita de babosa, mel e destilado. A aplicação tópica da babosa aliviará as dores nas articulações afetadas. O tratamento é demorado, mas pode resolver o problema.

Nota Bene: Se tomar o preparado via oral, com o tempo dispensará a aplicação tópica, para a qual, eventualmente, poderia apelar.

Asma – "Condição que se caracteriza por acessos recorrentes de dispneia paroxística, tosse e sensações de constrição, por efeito da contração espasmódica dos brônquios. Em muitos casos é de natureza alérgica"[13].

Uma série de frascos com a receita de babosa, mel e destilado livrará os brônquios de corpos estranhos aí depositados, liberando o diafragma a funcionar sem sobrecarga.

---

11. *Dicionário Houaiss da Língua Portuguesa*, p. 307.
12. *Dicionário Médico Andrei*, p. 70.
13. *Novo Dicionário Aurélio da Língua Portuguesa*, p. 181.

B

Bolhas – "Acúmulo de serosidade, linfa, pus ou sangue na pele devido a inflamação, queimadura, atrito, efeito de certas enfermidades etc.; ampola, empola"[14].

Apenas aplicação tópica. Abre-se a folha de babosa. Aplica-se a parte gelatinosa (interna) da folha no ponto onde se formou a bolha, fixando-a com esparadrapo ou *band-aid*. A babosa encarregar-se-á de retirar a serosidade ou a linfa ou o pus ou o sangue que se acumulou sob a pele.

Bronquite – "Inflamação, aguda ou crônica, da mucosa dos brônquios. A bronquite crônica é uma causa reconhecida de insuficiência respiratória e pode ter um papel no favorecimento do aparecimento de um câncer do pulmão"[15].

Tratando-se de inflamação, o indicativo só pode ser a receita de babosa, mel e destilado. Se o consumo de um frasco não apresentar o resultado que deseja, repita a dose tantas vezes quantas forem necessárias.

Bursite – "Inflamação de uma bolsa do organismo, por vezes acompanhada de calcificação no tendão subjacente"[16].

Em se tratando de processo inflamatório, a receita de babosa, mel e destilado cai como mão na luva. O tratamento será um pouco demorado, mas, perseverando, você alcançará o objetivo, que é aliviar a dor, sem apelar para infiltrações que poderão ajudar a calcificar a área. Lembre-se que a babosa trabalha em silêncio e lubrifica. Não tenha medo de repetir a re-

---

14. *Dicionário Houaiss da Língua Portuguesa*, p. 481.
15. *Dicionário Médico Andrei*, p. 105.
16. *Dicionário Houaiss da Língua Portuguesa*, p. 533.

ceita. Repita a dose tantas vezes quantas forem necessárias, pois é possível resolver seu problema.

C

Câimbras musculares (cãibra) – "Contração muscular súbita, involuntária e dolorosa, de caráter transitório, geralmente causada por problemas vasculares decorrentes de esforço excessivo ou do frio"[17].

Provavelmente, tal contratura explica-se pela falta de oxigenação do músculo. Tome a receita de babosa, mel e destilado para "arejar" os vasos.

Nota Bene: Evita-se o desconforto da câimbra comendo banana. Basta uma unidade por dia.

Calvície – "Perda definitiva dos cabelos, total ou parcial; ela é frequentemente consecutiva a uma seborreia do couro cabeludo e acomete quase que exclusivamente no homem"[18].

Os povos mais antigos, entre eles os nossos maias da América, conheciam e usavam a babosa como tônico capilar. Seu uso rejuvenesce e reforça o cabelo, dando-lhe mais brilho, devolvendo-lhe a cor natural. O emprego da receita de babosa, mel e destilado, certamente, combaterá as causas responsáveis pela calvície, restituindo ao organismo aquilo que ele foi perdendo ao longo do caminho, sobretudo prejudicado por maus hábitos alimentares.

Nota Bene: Além de ingerir a receita por via oral, aplique a babosa ao couro cabeludo, massageando-o suavemente. A massagem proporcionará melhor circulação de sangue na

---

17. Ibid., p. 562.
18. *Dicionário Médico Andrei*, p. 113.

área. Reativando a circulação do sangue, o bulbo capilar, se ainda vivo, poderá renascer, brotando em cabelo. Não se admire, pois, se, observados tais pré-requisitos, constatar que, aos poucos, seu "deserto" volta a florescer. Não será a primeira pessoa a constatar o fenômeno!...

Câncer – "Qualquer proliferação celular anárquica, incontrolável e incessante, que geralmente invade os tecidos, com capacidade de gerar metástases em várias partes do corpo e que tende a reaparecer após tentativa de retirada cirúrgica ou a levar à morte, se não for adequadamente tratada; tumor maligno (em geral, o termo é usado para referir-se aos carcinomas)"[19].

Existem muitos tipos de câncer, os mais agressivos, galopantes, bem como os mais "mansos", isto é, com os quais a gente pode conviver por mais tempo, bem como existem até os benignos. Seja qual for o tipo de câncer, não importa em que órgão esteja localizado, parta imediatamente para a receita de babosa, mel e destilado. Registramos curas de cada tipo de câncer. Hoje, depois de 15 anos de prática, corpo a corpo, registram-se milhares de curas em todo mundo. Conforme a Experiência de Pádua, Itália, a babosa tem o poder de *pôr ordem na proliferação anárquica das células*. Eis o "milagre"! Ora, as células, reconstituídas em seu equilíbrio, em vez de produzir células cancerosas (doentes), gerarão células sadias. Dito com outras palavras, você está curado(a) de seu câncer... Para tanto, porém, não basta ingerir a receita de babosa, mel e destilado como se fosse bater no mal com vara de condão, e ele desaparece como por encanto. Não existe mágica! É preciso processar-se na pessoa verdadeira e profunda conversão, isto é, reconhecer os erros, os abusos, mudar de vida, de hábitos alimentares, em todos os sentidos, físico, psíquico, emocional,

---

19. *Dicionário Houaiss da Língua Portuguesa*, p. 593-594.

espiritual, buscando renunciar àquele estilo de vida de outrora (errado) para adotar novas formas, mais positivas, construtivas, e querer viver esta nova descoberta com gana, como que a recuperar o tempo e o terreno perdidos... E você vai conseguir. Você descobriu nova realidade, muito melhor, para viver sua vida intensamente, o dom maior deste mundo, com saúde.

Acompanhe-se de exames médicos; de preferência, realize-os com o doutor que diagnosticou seu mal. O resultado de tais análises indicará ao paciente o procedimento a tomar, isto é, continuar com a receita, espaçá-la ou aumentar a quantidade.

Candidíase – "Afecção aguda, subaguda ou crônica, causada por leveduras pertencentes ao gênero Cândida (sobretudo *Cândida albicans*). A infecção atinge principalmente a pele e as mucosas e se apresenta sob a forma de erupção de pequenas pústulas esbranquiçadas"[20]. – "Infecção por fungos da espécie *Cândida* ou *Monilia albicans*, que acometem geralmente a comissura labial, a boca, a orofaringe, a vagina e o trato gastrintestinal; monilíase"[21].

Temos a alegria de comunicar ao leitor que a receita de babosa, mel e destilado tem curado candidíase. Se você estiver envolvido com problema de tal natureza, apele para os serviços de tal receita.

Carbúnculo – "Doença infecciosa causada pelo *Bacillus anthracis*, que afeta certos animais, geralmente herbívoros, e pode atingir o homem, provocando hemorragia, ex-sudato seroso e grande prostração"[22].

Como se trata de infecção, dê-lhe da receita de babosa, mel e destilado! Pode conseguir bons resultados.

---

20. *Dicionário Médico Andrei*, p. 117-118.
21. *Dicionário Houaiss da Língua Portuguesa*, p. 595.
22. *Dicionário Houaiss da Língua Portuguesa*, p. 621.

Caspa – "Conjunto de pequenas escamas que se criam na superfície da pele, especialmente no couro cabeludo"[23].

A babosa é excelente no combate à caspa. Para combatê-la, claro, bastaria a aplicação tópica. Para tanto, triturar a folha e aplicar o suco dela proveniente no couro cabeludo, massageando a área. Tal procedimento deverá ser repetido indefinidamente.

– Por que não atacar o mal pela raiz?

– Como?

– Prepare a receita de babosa, mel e destilado, ingerindo-a por via oral. Somente manifesta caspa um organismo em condições precárias, com frequentes gripes, dores de garganta, catarreira etc. Como a planta oferece mais de 300 elementos úteis, importantes e até essenciais ao corpo, de repente os mesmos conseguem repor as deficiências, restituir-lhe integralmente a saúde, entre outros benefícios, eliminando-lhe o fator que provoca o fenômeno. Em síntese: ao lado da aplicação tópica, apele para as vantagens que o preparado de babosa, mel e destilado oferece.

Cataratas – "Opacidade parcial ou total do cristalino ou de sua cápsula"[24].

Quero ajudar na explicação. Chama-se catarata a uma espécie de véu que se forma, com o correr dos anos, no cristalino, corpo lenticular e transparente, localizado na parte anterior do humor vítreo do olho. A prática da Medicina é extrair o cristalino. Se você tiver paciência, poderá evitar a cirurgia. Basta espremer o suco da folha de babosa e aplicar uma gota dele no olho tomado de catarata. Se houver algum tipo de inflamação, experimentará ardume. Se for demasiadamente forte o ardor, che-

---

23. Ibid., p. 644.
24. *Dicionário Houaiss da Língua Portuguesa*, p. 650.

gando às raias do intolerável, misture aquele suco natural ao soro fisiológico, numa proporção de 50%, mais ou menos. Percebe-se que ficou reduzido o desconforto. Aplicando-se várias vezes ao dia, o suco da babosa irá "ralar" aquele véu, desfibrando-o e desintegrando-o, com o tempo, até desfazê-lo de todo, restituindo ao cristalino sua transparência natural.

Meia hora, mais ou menos, após aplicar o suco de babosa no olho, se quiser "desanuviar a retina" mais rapidamente, o processo é simples. Deixe cair uma gotícula de mel no olho com catarata. Ao contato daquele corpo estranho, é natural, a pálpebra agitar-se-á mais rápida, colaborando para reduzir a fragmentos o tecido daquele véu. Ideal, como sempre, seria o paciente deixar-se acompanhar de profissional no ramo (oftalmologista), o qual, com auxílio de aparelho, poderá remover os resíduos do véu causador da opacidade do cristalino, responsável pela redução da acuidade visual.

Catarro – "Termo antigo designando toda inflamação aguda ou crônica das mucosas; atualmente reservada exclusivamente às inflamações das vias respiratórias acompanhadas de secreções abundantes. Em linguagem comum, saliva ou muco, às vezes misturado com pus ou sangue, proveniente das mucosas das vias respiratórias: orofaringe, traqueia, brônquios e expulso pela boca"[25].

Em se tratando de inflamação, deixe com ela! Prepare a receita de babosa, mel e destilado. No interior, o povo simples identifica babosa como a "planta faxineira", conhecida pelo seu alto poder de desinfetar. Um frasco será suficiente; sendo necessário um segundo, não se faça de rogado.

Celulite – "Inflamação do tecido celular, mais particularmente do tecido célulo-adiposo subcutâneo, manifestando-se por

---

25. *Dicionário Médico Andrei*, p. 127.

uma massa endurecida, às vezes dolorosa, acometendo sobretudo as coxas e as nádegas da mulher"[26].

Já se tornou rotina falar que, em matéria de inflamação, a receita de babosa, mel e destilado tem com que contribuir. Além de ingerir o preparado por via oral, siga as orientações de profissionais competentes, com exercícios, massagens, caminhadas etc. A vaidade de manter um corpo esbelto, jovem, canaliza milhões, com retorno modesto. Talvez em nenhum período na história da humanidade tenham-se aplicado tão polpudas somas no cultivo do corpo, na tentativa de mantê-lo jovem e bonito. "Vaidade das vaidades!"

Cheiros (retirada do mau cheiro nas úlceras) – "Propriedade que têm certos corpos de emanar partículas voláteis capazes de afetar órgãos olfativos do homem e de certos animais, e cuja percepção manifesta-se em sensações diversas; odor (cheiro forte, cheiro imperceptível, cheiro inebriante, cheiro nauseabundo)"[27].

Certamente o cheiro que certos corpos emanam, afetando, de forma negativa ou desagradável, o olfato dos semelhantes, deve-se atribuí-lo à função anômala das glândulas responsáveis pelo que segregam. Vamos apelar para que a receita de babosa, mel e destilado ajude a por ordem na casa.

Além disso, pode-se recorrer à aplicação tópica. Tritura-se a folha da babosa. Com o suco derivado, puro ou misturado à água, providencia-se higiene em regra. Lavam-se as partes, deixando o suco secar no corpo. Só depois segue o banho final.

Ciática – "Dor devido a um sofrimento do nervo ciático, sobretudo de suas raízes, seja por causa de uma compressão radicular por hérnia de disco (a causa mais frequente), de uma

---

26. Ibid., p. 132.
27. *Dicionário Houaiss da Língua Portuguesa*, p. 698.

compressão tumoral, de uma injeção medicamentosa na nádega mal feita, ou ainda por outras causas"[28].

Apele-se para a receita de babosa, mel e destilado. Como babosa é excelente analgésico, no mínimo experimentará alívio nas dores. Constatará alívio já a partir dos primeiros dias de uso da receita. Não esqueça que babosa também lubrifica...

Cirrose – "(Palavra criada por Laennec para designar a doença que dá ao fígado granulações ruivas). Doença crônica grave do fígado na qual o parênquima normal sofre uma transformação fibrosa progressiva e extensa. O aspecto do fígado cirrótico é ruivo, duro, com bossas. A cirrose tem várias causas: alcoolismo, má nutrição, complicação de uma hepatite viral etc."[29]

Como a babosa é amarga, o fígado recebe-a muito bem. Portanto, dá-lhe de receita de babosa, mel e destilado! Registramos casos de cura em nossos arquivos, tanto de cirrose hepática do tipo A, B e C, como também câncer do fígado. A babosa recupera integralmente o fígado. Mais do que ninguém, o portador de cirrose deve modificar os hábitos de comer e beber.

Cistite – "Inflamação da mucosa da bexiga, aguda ou crônica, geralmente de origem infecciosa"[30].

O leitor já sacou. Em se tratando de inflamação, sabe que pode apelar para os benefícios da receita de babosa, mel e destilado. O efeito é rápido.

Coceiras de todo tipo – "Irritação cutânea causada pela ação de coçar, devido a prurido"[31].

---

28. *Dicionário Médico Andrei*, p. 140.
29. *Dicionário Médico Andrei*, p. 146.
30. *Dicionário Houaiss da Língua Portuguesa*, p. 731.
31. *Novo Dicionário Aurélio da Língua Portuguesa*, p. 423.

Importante descobrir a causa da coceira, como, aliás, de todo e qualquer fenômeno. Conhecendo ou não donde procede, recorra à receita de babosa, mel e destilado. Provavelmente, o organismo debilitado precisa de reforço. O preparado pode socorrê-lo. Além de recorrer à receita, uma saída pode ser a aplicação tópica do suco da planta, sobretudo se o prurido for passageiro.

Cólicas – "Dor espasmódica ligada à distensão do tubo digestivo, dos canais glandulares ou das vias urinárias"[32].

As principais e mais conhecidas são as cólicas biliar, hepática, gástrica, intestinal, menstrual, renal. Diante do problema, apele para a receita de babosa, mel e destilado. A babosa descongestiona o órgão obstruído por má digestão ou alimentação mal equilibrada. Até cálculos nos rins e na vesícula a receita tem expelido...

Colite – "Inflamação do cólon, total ou de certos segmentos, de origem infecciosa (bacteriana ou amebiana), relacionada com má digestão de certos alimentos ou uma alimentação mal equilibrada, ou de causa desconhecida, como a colite ulcerativa, chamada habitualmente retocolite ulcerática ou ulcero-hemorrágica"[33].

Constatada a inflamação, a receita de babosa, mel e destilado entra em campo. Não precisa de muitos frascos para contornar o problema. Sábio é que a pessoa afetada por colite faça a manutenção, consumindo algumas doses por ano. De quanto em quanto tempo? Você decide. Para refrescar a memória, releia matéria a este respeito: Parte II, cap. 5 (A babosa no tratamento preventivo).

---

32. *Dicionário Houaiss da Língua Portuguesa*, p. 760.
33. *Dicionário Médico Andrei*, p. 161.

Congestão – "Acumulação excessiva ou anormal de um fluido, muitas vezes o sangue, num órgão ou numa determinada região do corpo"[34].

Há diversas formas de congestão. Há a congestão intestinal, a nasal, cerebral, venosa, pleuropulmonar, congestão dos rins, do rosto, do muco, da bile etc.

Como a própria definição diz, congestão é acúmulo de algo estranho num órgão. Ora, tratando-se com a receita de babosa, mel e destilado você pode descongestionar ou desobstruir a área trancada. Vamos nela, ora...

Contusões – "Lesão produzida por golpe ou impacto, sem causar dilaceração ou ruptura de pele; traumatismo"[35].

Contusão é sofrer impacto. É lesão produzida por pancada em tecido novo. Às vezes, causa hematoma, isto é, coleção de sangue num tecido, como resultado de traumatismo, com ruptura dos vasos. A receita de babosa, mel e destilado pouco pode ajudar. Auxilie-se da folha de babosa. Ou socada em pilão ou triturada no liquidificador ou aberta com objeto cortante, aplique-a no local atingido. Sendo analgésico, alivia a dor, como efeito imediato. Aplicada no local onde se levou a batida, desincha e, dentro de 24 horas, reduz o hematoma ou o elimina.

Cortes – "1) Ato ou efeito de cortar (-se). 2) Talho ou golpe com instrumento cortante"[36].

Num acidente de tal natureza, socorra-se da folha de babosa aberta longitudinalmente. Você não tem à mão água oxigenada para desinfetar o talho? Não se afobe. A babosa, que é desinfetante, de lambujem, prestar-lhe-á também tal serviço.

---

34. *Dicionário Houaiss da Língua Portuguesa*, p. 800.
35. *Dicionário Houaiss da Língua Portuguesa*, p. 826.
36. *Novo Dicionário Aurélio da Língua Portuguesa*, p. 487.

A só aplicação da babosa desinfeta a área. Aplique a parte gelatinosa (interna) da folha na ferida. Se o corte estiver sangrando, o efeito concomitante, além de aliviar a dor, será o de estagnar o sangue. Em dois minutos. Preso ao ferimento, o pedaço de folha cicatrizá-lo-á em um a dois dias. Se o corte maior, eventualmente, precisar levar pontos, a folha de babosa pode ser aplicada sobre eles, apressando consideravelmente a cicatrização, reduzindo os vestígios.

D

Dependência (de drogas diversas) – "Estado resultante da absorção continuamente repetida de drogas e de seus derivados, caracterizado pela necessidade de continuar a tomada da droga em doses crescentes: dependência do tipo anfetamínico, barbitúrico, canábico, cocaínico, morfínico"[37].

Lance mão da receita de babosa, mel e destilado. Sendo excelente depurativo do sangue, ingerir o preparado representa real possibilidade de depurar o organismo das toxinas provenientes da absorção das drogas mais diversas. O mesmo vale para eliminar os radicais livres, nocivos em diferentes processos patológicos. Tomando a receita, você observará reduzido seu apetite pelo álcool, pelo fumo, pela droga. Juntando a redução do apetite à força de vontade, chegará à vitória...

Depressão – "Estado de desencorajamento, de perda de interesse, que sobrevêm, por exemplo, após perdas, decepções, fracassos, estresse físico e/ou psíquico, no momento em que o indivíduo toma consciência do sofrimento ou da solidão em que se encontra. Problema psíquico que se exprime por períodos duráveis e recorrentes de *disforia* depressiva, surgindo con-

---

37. *Dicionário Médico Andrei*, p. 207.

comitantemente com problemas reais ou imaginários ou com experiências momentâneas de sofrimento, podendo ser acompanhado de perturbações do pensamento, da ação e de um grande número de sintomas psiquiátricos"[38].

Depressão tem tudo a ver com o sistema imunitário. Quando estamos imunologicamente fracos, por redução da pressão sanguínea e até da temperatura do corpo, podem manifestar-se os fenômenos acima referidos. Parta, sem perda de tempo, para a receita de babosa, mel e destilado. Graças às inúmeras propriedades medicinais contidas na planta, dentro de pouco tempo você poderá sair airosamente daquele estado deprimente.

Dermatite – "Cada um dos diversos tipos de inflamação de pele; dermite. Dermatite atópica, o mesmo que *eczema* – afecção alérgica, aguda ou crônica, da pele, caracterizada por reação inflamatoria com formação de vesículas, desenvolvimento de escamas e prurido"[39]. – "Dermatite de contato: a que é provocada pelo contato da pele com um alérgeno específico, como resinas, cosméticos, certos vegetais etc., caracterizada por eritema, edema e presença de vesículas no local exposto. Dermatite seborreica: a que produz uma erupção macular escariforme, ocorrendo especialmente na face, couro cabeludo, peito e púbis"[40].

Os diferentes tipos de manifestação de dermatite, expostos na explicação acima, e, como a própria palavra diz, trata-se de inflamação, causadora das afecções de maiores ou menores consequências. O tratamento indicado é a receita de babosa, mel e destilado. As perspectivas de sucesso existem. Tente, junto com a receita por via oral, também a aplicação tópica, sobretudo em se tratando de casos mais agudos, tais como na dermatite seborreica.

---

38. *Dicionário Houaiss da Língua Portuguesa,* p. 943.
39. Ibid., p. 1.098.
40. *Dicionário Houaiss da Língua Portuguesa,* p. 944.

Desânimo – "Se desânimo fosse o mesmo que desanimação, o *Dicionário Médico Andrei*, p. 210, define bem: 'Impressão de não ser mais si mesmo sob o plano psíquico'".

Trata-se de processo lento de despersonalização, o qual pode levar a consequências graves, tais como o suicídio.

O estado patológico do desânimo, acima definido, representa debilidade do sistema imunológico. Temos aqui a prova de que o ser humano forma uma unidade, já que o desânimo parece localizar-se no campo psicológico, embora a origem possa ser de ordem física. A receita de babosa, mel e destilado tem agido bem em cima de doenças em nível psicológico. Reforçar o sistema imunitário é a providência a tomar-se. O preparado será aquela mão na roda...

Diabetes – "Nome dado a diversas doenças caracterizadas pela emissão anormalmente abundante de urina e acompanhada de uma sensação de sede imensa. Empregada isoladamente, a palavra diabete designa geralmente a diabete melito ou açucarada"[41].

A literatura americana garante-nos que a babosa cura diabetes. A prática de 15 anos, em contato quase diário e direto com a planta e pacientes que a usaram, confirma tal afirmação. Portanto, indica-se receita de babosa, mel e destilado para o tratamento de diabéticos. Temos documentação de curas de diabéticos que usavam insulina há vinte anos. Tratando-se com nosso preparado, em seis meses conseguiram regular os valores, dispensando a tradicional picada com insulina. Em relação ao mel e o diabético, veja Parte I, cap. 5 (Diabetes x mel), p. 20-21.

Disenteria – "Infecção intestinal (sobretudo do intestino grosso) que se manifesta por dores abdominais, tenesmos e

---

41. *Dicionário Médico Andrei*, p. 217.

uma diarreia grave com presença de sangue, pus e de muco. Ela pode ser causada por várias espécies de bacilos disentéricos *(shigella)*: disenteria bacilar, ou por amebas: disenteria amebiana. Fala-se de síndrome disentérica quando as mesmas manifestações são devidas a outras causas (vermes parasitas, infecções bacterianas diversas)[42].

A babosa é poderoso bactericida. Se a disenteria for causada por algum tipo de bactéria, existe a possibilidade real de sucesso com o tratamento da receita de babosa, mel e destilado. O fato de a babosa ser também laxante não significa que o uso do preparado necessariamente venha a causar danos ao paciente. O emprego da babosa regula o intestino, seja ele, por natureza, frouxo ou preguiçoso.

Distensões – "Repuxo ou deslocamento de um tecido ou órgão (músculo, ligamentos, nervo etc.); estiramento. **Distensão abdominal**: aumento do volume do abdômen, devido a estados fisiológicos (por exemplo, gravidez) ou patológicos (por exemplo, ascite, oclusão intestinal, tumores etc.). **Distensão muscular**: ruptura dos ligamentos de um músculo devido à tração excessiva e violenta; estiramento muscular"[43] (o negrito é nosso).

Para acudir a distensão abdominal, recorra-se à receita de babosa, mel e destilado. Em caso de distensão muscular, aplicação tópica da folha da planta, depois de triturada, isto é, reduzida a suco. Se houver pessoa que entende de massagem, recorra-se. Pode-se usar, com vantagem, como pomada, a massa obtida no socador. Um emplastro aplicado ao local acidentado, mantido com atadura até durante a noite, apressará a recuperação.

---

42. Ibid., p. 226.
43. *Dicionário Houaiss da Língua Portuguesa*, p. 1060.

Doenças da gengiva (gengivite) – "Inflamação das gengivas"[44].

Sob o conceito "inflamação das gengivas", gengivite, ou "doenças das gengivas", coloque todos os estados patológicos ou infecciosos da boca: fístulas nas gengivas, inflamações da mucosa e até cirurgias em dentes e/ou até sua extração. Sempre que você estiver envolvido em problema de tal natureza, apele para a aplicação tópica da folha da babosa. Abra-a, colocando diretamente a parte gelatinosa na região afetada. Mantenha o curativo também durante a noite. Infecções dessa ordem têm sua origem no metabolismo. Uma receitinha de babosa, mel e destilado, volta e meia, ajudará a evitar os contratempos. "Prevenir é melhor que remediar!" diz, sabiamente, o povo.

Doenças dos olhos – "Alteração biológica do estado de saúde de um ser (homem, animal etc.), manifestada por um conjunto de sintomas perceptíveis ou não; enfermidade, mal, moléstia (o câncer é uma doença de difícil cura)"[45].

Toda e qualquer infecção nos olhos pode ser tratada com o suco da folha da babosa. Aproveite o poder desinfetante da babosa. A longo prazo, providencie um frasco da receita de babosa, mel e destilado. O tratamento evitará estas doenças:

Dores de cabeça – uso interno;

Dores de dentes – aplicação tópica;

Dores de estômago – uso interno;

Dores musculares – massagem;

Dores nas articulações – massagem.

---

44. *Novo Dicionário Aurélio da Língua Portuguesa*, p. 845.
45. *Dicionário Houaiss da Língua Portuguesa*, p. 1.070.

A palavra-chave em cada tipo diferente de dor é saber sua origem.
Por que dói a cabeça?
Por que dói o dente?
Por que dói o estômago?
Por que dói o músculo?
Por que dói a articulação?
Sabemos, há muito, que babosa é analgésico. Assim sendo, se a dor provém do interior do organismo, recorra-se à receita de babosa, mel e destilado, receita que nunca faz mal. Se a dor é causada por objeto contundente, faça-se a aplicação tópica da planta. A aplicação de pedaço de folha no local atingido, no mínimo, aliviará as dores. Dor de dente, por exemplo, se a causa for cárie, claro que deverá acontecer a obturação. Em caso de cárie, a babosa apenas aliviará a dor. Cárie deve ser tratada por profissional do ramo.

Se tivesse havido tratamento preventivo, talvez a cárie não se instalasse como aconteceu, já que babosa é rica em cálcio. Agora, localizada a cárie, apresente-se ao dentista e submeta-se aos seus serviços. É o único jeito.

E

Edema – "Acúmulo anormal de líquido nos tecidos do organismo, especialmente no tecido conjuntivo. **Edema agudo de pulmão**: quadro geralmente provocado por insuficiência cardíaca esquerda e caracterizada pela fuga do plasma da corrente sanguínea para os alvéolos pulmonares, onde termina por impedir a respiração: pulmão de água. **Edema angioneurótico** = Edema de Quincke: reação alérgica, geralmente provocada por ingestão de alimentos, medicamentos ou picada de insetos, caracterizada por edema subcutâneo. **Edema cerebral**: aumento do volume do cérebro provocado pelo aumento de água de seus tecidos, geralmente devido a tumor, traumatismo, infecção, inflamação ou acidente vascular cerebral. **Edema de córnea**: infiltração de líquido na córnea, geralmente devido a traumatismo ou inflamação. **Edema de glote**: manifestação de Quincke na garganta, podendo levar à morte por sufocação. **Edema linfático**: que é provocado por estase nos canais linfáticos. **Edema palpebral**: Infiltração de líquido sob a pálpebra, geralmente devido a traumatismo, inflamação ou reação alérgica"[46] (o negrito é nosso).

Seja qual for o tipo de edema e sendo acúmulo de líquidos ou inflamação, infecção ou traumatismo, volva-se à receita de babosa, mel e destilado. As possibilidades de cura existem. Piorar é que não vai...

Enterite – "Inflamação do intestino. Enterite mucosa: afecção da membrana mucosa intestinal, caracterizada por constipação ou diarreia, apresentando, às vezes, cólica e passagem de fragmentos pseudomembranosos ou incompletos do intestino, blenenterite"[47].

Sendo inflamação, deixa com ela. Providencie sua receitinha de babosa, mel e destilado. Lembre-se que, se babosa é poderoso laxante, no final, regula o intestino. Eis o grande benefício!

Enxaqueca – "Cefaleia de causa desconhecida na qual ocorre constrição seguida de dilatação das artérias da cabeça, caracterizada por dor no meio do crânio, intensa e pulsátil, associada a problemas digestivos (náuseas e vômitos); agrava-se com a luz, barulho e atividade física e apresenta evolução crônica e paroxística"[48].

---

46. *Dicionário Houaiss da Língua Portuguesa*, p. 1.099.
47. Ibid., p. 1.161.
48. *Dicionário Houaiss da Língua Portuguesa*, p. 1.174.

Desconhece-se a causa da dor de cabeça, diz a definição. Desconhece-se porque convém desconhecê-la. Tá na cara que tal dor de cabeça provém de problemas digestivos, causados por alimentação inadequada. Não ligue para a discussão. Parta imediatamente para a receita de babosa, mel e destilado. Depois duma semana absorvendo o preparado, constatará sensíveis melhoras. Prossiga com o tratamento. Depois de dois ou três frascos da receita, suas enxaquecas farão parte do passado do qual não leva saudade...

Epidermite – "Epiderme é a 'camada celular superficial, não vascularizada, que reveste o derma e com ela constitui a pele"[49]. Epidermite é a inflamação da epiderme".

Epidermite é a inflamação da epiderme, descrita acima. Tratando-se de inflamação, deixe a resposta com a receita de babosa, mel e destilado. Ela adora fazer o serviço. Experimente.

Erisipela – "Doença cutânea infecto-contagiosa aguda, causada pelo estreptococo hemolítico, apresentando-se sob a forma de uma placa vermelha edemaciada, delimitada por um bordo levemente elevado e acompanhada por sinais gerais mais ou menos marcantes. A porta de entrada da infecção pode ser uma pequena escoriação cutânea ou uma lesão mucosa (boca, nariz, conjuntiva etc.). Distinguem-se várias formas de erisipela"[50].

Em se tratando de infecção, vamos desinfetar o organismo com a receita de babosa, mel e destilado. Não prejudicará o processo de cura, antes, apressá-lo-á a aplicação tópica no local onde as placas vermelhas aparecem.

Erupções – "Aparecimento de lesões de natureza inflamatória ou infecciosa, geralmente múltiplas, na pele e mucosas,

---

[49]. *Novo Dicionário Aurélio da Língua Portuguesa*, p. 672.
[50]. *Dicionário Médico Andrei*, p. 265.

provocadas por vírus, bactérias, intoxicação etc. Há erupções de brotoejas, de aftas"[51].

A definição refere-se a "lesões de natureza inflamatória ou infecciosa". Inflamação e/ou infecção é com a receita de babosa, mel e destilado. Para apressar o processo de cura, eventualmente, poderá fazer a aplicação tópica da folha, isto é, nos locais em que as erupções se apresentam.

Esclerose múltipla – "Esclerose múltipla = esclerose em placas. Afecção do sistema nervoso central do adulto jovem, de etiologia desconhecida, devido à formação de placas de desmielinização disseminadas em qualquer ponto do sistema nervoso central. A sintomatologia toma diversos aspectos: distúrbios motores (paresias, paralisias espásticas); distúrbios cerebelares (ataxia, nistagmo, tremor intencional etc.); distúrbios oculares por acometimento do nervo óptico; incontinência dos esfíncteres; distúrbios psíquicos. Ela evolui lentamente por crises intercaladas de remissões que, no início, podem ser completas; o doente acaba ficando imobilizado"[52].

Para superar a temida esclerose múltipla, prevê-se o tratamento com a receita de babosa, mel e destilado pelo período de três a seis meses contínuos (se fizer intervalo entre um frasco e outro, faça-o breve, isto é, de três a quatro dias, uma semana, ao máximo). Tal tratamento pode restaurar o organismo, apesar das suas patologias, sendo consideravelmente reduzidas as sequelas da esclerose múltipla.

Esgotamento – "Depauperamento, exaustão, extenuação"[53].

---

51. *Dicionário Houaiss da Língua Portuguesa*, p. 1.190.
52. *Dicionário Médico Andrei*, p. 270s.
53. *Novo Dicionário Aurélio da Língua Portuguesa*, p. 695.

Os sinônimos esclarecem ou explicam o estado experimentado pelo paciente. A receita de babosa, mel e destilado vai socorrer a pessoa envolvida em tal estado. A babosa, com seus mais de 300 elementos úteis, importantes e até essenciais a nosso organismo, vai ajudá-lo a sair do fundo do poço. Uma vez fora, cuide para não cair nele outra vez. Cuide de sua saúde!...

Esterilidade devido a ciclos anovulatórios – "Incapacidade por um ser vivo de procriar. Ela pode ser congênita, consecutiva a uma doença ou a um acidente, ou ser provocada intencionalmente (esterilização)"[54].

São inúmeros os casais com muitos anos de vida matrimonial e desejando-o ardentemente, mas o filho não aparece. Houve quem tentara, várias vezes, a inseminação artificial, bem como outras formas, até muito dolorosas, de tratamento. Tudo em vão! Aconselhei a que ambos os parceiros usassem a receita de babosa, mel e destilado durante uns três meses consecutivos, para uma purificação do organismo, como manda o figurino. Somente depois tentassem a fecundação. O primeiro casal que orientei procedia de Roma. Confiou-me seu problema em Belém, Israel, em 1993, quando me encontrava a serviço da Custódia da Terra Santa. Hoje, só em Porto Alegre, deve existir meia dúzia de "filhos da babosa", como, carinhosamente, brincando, os tenho apelidado. Os venturosos pais são os primeiros a reconhecer que foi a receita de babosa, mel e destilado que desencadeou o processo, para a sua felicidade. Da frustração ao estado de pais realizados...

– Qual o papel da babosa?

– Desobstruiu os canais para que os elementos escorressem como fora previsto pela natureza.

---

54. *Dicionário Médico Andrei*, p. 287.

Exantema – "Manifestação cutânea característica de uma doença infecciosa e contagiosa, principalmente de uma febre eruptiva (escarlatina, sarampo, rubéola, varicela, varíola) ou de uma febre dita exantemática (tifo exantemático, diversas ricketsioses)"[55].

A grande ação que a receita de babosa, mel e destilado processa no organismo doente é desinfetá-lo. No caso de exantema, certamente produzirá excelentes resultados.

F

Febres sem motivo – "Elevação da temperatura corporal por efeito de doença"[56].

A elevação da temperatura do corpo é sinal que existe algo estranho no organismo. Não basta recorrer a antitérmicos, eficientes em baixar o nível da temperatura. E preciso buscar as causas de tal elevação da temperatura. Em síntese: Por que estou com febre? Donde ela vem?

De qualquer maneira, a receita de babosa, mel e destilado pode devolver a temperatura à normalidade.

Feridas de todo tipo – "Lesão produzida na pele ou na mucosa por pancada, golpe ou impacto de instrumento rijo, afiado ou perfurante; ferimento; por extensão, lesão aberta com perda de substância; chaga, úlcera, ferimento"[57].

O ferimento produzido na pele ou na mucosa, inclusive, às vezes, com perda de sangue, graças à violência do impacto sofrido, exige que se recorra à aplicação tópica de babosa. Serve de pronto socorro, primeiros socorros, ao alcance da mão do acidentado.

---

55. *Dicionário Médico Andrei,* p. 297.
56. *Novo Dicionário Aurélio da Língua Portuguesa,* p. 764.
57. *Dicionário Houaiss da Língua Portuguesa,* p. 1.328.

Quando, porém, se trata de ferida aberta, com supuração – ferida velha –, o indicativo melhor será a receita de babosa, mel e destilado, já que tal chaga demora a sarar por causa da má qualidade do sangue. Isso não impede, no entanto, que se aplique a parte interna, gelatinosa, da folha no ponto onde se localiza a úlcera. Tal procedimento apressará a cicatrização.

Flatulências – "Acúmulo de gás nos intestinos, provocando uma distensão frequentemente acompanhada pela expulsão de gás pelo ânus"[58].

Tal fenômeno pode ser socorrido apenas pela receita de babosa, mel e destilado ingerido por via oral. Provavelmente a origem de tais turbulências encontre-se em alimentação não bem recebida pelo fígado e pelo estômago.

Fungos – "Designação comum aos organismos do reino Fungi, heterotróficos, especialmente saprófagos ou parasitas, aclorofilados, uni ou pluricelulares, com parede celular de quitina, estrutura principalmente filamentosa e cuja nutrição se dá por absorção (os exemplos mais conhecidos são os mofos e os cogumelos)"[59].

Se a explicação lhe pareceu complicada ou pouco esclarecedora, leia o que diz o novo *Grande Dicionário Larousse Cultural da Língua Portuguesa*[60], à p. 455: "Excrescência carnosa, esponjosa, que aparece na pele, especialmente em torno de uma ferida, e que tem aparência de um cogumelo".

A gente pode atender o problema de fungo aplicando-se-lhe topicamente a babosa, já que a planta é fungicida. Ingerir a receita de babosa, mel e destilado por via oral pode ajudar a

---

58. *Dicionário Médico Andrei*, p. 319.
59. *Dicionário Houaiss da Língua Portuguesa*, p. 1.405.
60. *Novo Dicionário Larousse Cultural da Língua Portuguesa*. São Paulo: Nova Cultural.

remover o parasita, cortando o mal pela raiz. O tratamento pode demorar em seus resultados, mas funciona.

Furúnculos – "Infecção da pele, circunscrita a um folículo pilossebáceo, causada por um estafilococo e que se apresenta sob a forma de um carnicão no centro da área inflamada"[61].

Adote o procedimento sugerido para abscesso, mesmo porque ambos são sinônimos, à p. 62.

G

Gangrena – "Necrose dos tecidos, secundária à interrupção local da circulação sanguínea, de diversas origens: embolia, arteriosclerose etc.; ela às vezes é complicada por uma infecção secundária de germes anaeróbios"[62].

A aplicação tópica seja o primeiro socorro. Providencie concomitantemente a receita de babosa, mel e destilado para ingerir por via oral. A área necrosada ficará limpa, depois de pouco tempo.

Glaucoma – "Afecção do olho caracterizada pelo aumento considerável da pressão intraocular, determinando um endurecimento do globo ocular, uma atrofia do nervo óptico e uma diminuição mais ou menos marcada da acuidade visual"[63].

Organismo que apresenta tais perturbações precisa receber reforço em todo o seu sistema imunológico. A receita de babosa, mel e destilado oferece considerável cabedal de riquezas que poderão reconstituí-lo.

---

61. *Dicionário Houaiss da Língua Portuguesa*, p. 1.408.
62. *Dicionário Médico Andrei*, p. 336.
63. Ibid., p. 341s.

Gota – "Moléstia geralmente hereditária provocada pelo excesso de ácido úrico no organismo e caracterizada por dolorosos ataques inflamatórios, que ocorrem sobretudo nas articulações"[64].

Pela explicação, o paciente apresenta excesso de ácido úrico no organismo. Vamos detonar tais depósitos. Para tanto, usa-se a receita de babosa, mel e destilado. Corrigidos os distúrbios do metabolismo, ver-se-á livre das crises semelhantes às de quem sofre de artrite aguda.

Gripe – "Doença infecciosa muito contagiosa, quase sempre epidêmica, devido a vários vírus do grupo *Myxovirus influenzae*. Após uma incubação curta de 1 a 3 dias, ela começa brutalmente e se caracteriza por uma febre com dores musculares, astenia e rinofaringite, às vezes seguida de complicações pulmonares. A transmissão da doença é feita essencialmente por contato direto"[65].

Só um organismo debilitado "pega" gripe. Se o corpo estivesse provido de defesas, mesmo por contacto direto, o vírus não teria como se aninhar. Portanto, previna-se. Para tal, tome regularmente a receita de babosa, mel e destilado como preventivo, evitando, assim, contrair gripe. Porém, se você já contraiu o vírus, uma vez que constata abatimento geral, com calafrios de febre, congestionamento das vias respiratórias, dor, de cabeça, inflamação da garganta etc., não perca a oportunidade. Prepare a sua receita de babosa, mel e destilado. Ingerir o preparado facilitará o combate aos sintomas do mal contraído, apressando a recuperação da saúde.

---

64. *Dicionário Houaiss da Língua Portuguesa*, p. 1469.
65. *Dicionário Médico Andrei*, p. 350.

H

Halitose – "Mau hálito; ozostomia"[66].
As causas do mau hálito podem ser de origem diversa. Como se encontra o estado de seus dentes? Visitar o gabinete do dentista, com regularidade (de seis em seis meses, no mínimo, de ano em ano), basta para administrar essa área. Problemas relacionados à alimentação e digestão, normalmente, acarretam o mau hálito. Igualmente, o mau funcionamento de certas glândulas pode acarretar o mau cheiro do corpo. A exceção do dentista, os demais problemas podem ser corrigidos ou reduzidos ingerindo a receita de babosa, mel e destilado. O preparado predispõe o organismo a bom funcionamento. Sim, porque nosso organismo foi criado para funcionar bem.

Hemorroidas – "Dilatação varicosa das veias da mucosa do ânus e do reto. As hemorroidas são chamadas externas quando se localizam abaixo do esfíncter anal, e internas quando elas se localizam acima deste esfíncter"[67].

Normalmente, alguém apresenta problemas de hemorroidas porque sofre de prisão de ventre. Fundamental ir aos pés, meu! O ideal seria evacuar tantas vezes por dia quantas refeições se fazem. No mínimo, evacuar uma vez por dia é preciso. Duas vezes, beleza! Organize-se para ir ao banheiro, isto é, tenha horário. Habitue o intestino. Isso para evitar a patologia. Envolvido com o problema, porém, o que fazer? Antes de mais nada, providencie a receita de babosa, mel e destilado. Regulará o intestino. Para acudir problema grave, faça supositório com o gel da folha de babosa. Ou triture a folha, embeba gaze ou algodão ou pano esgarçado e introduza como supositório, à noite, ao deitar. De manhã, despeje no vaso. Tal trata-

---

[66]. *Novo Dicionário Aurélio da Língua Portuguesa*, p. 881.
[67]. *Dicionário Médico Andrei*, p. 361.

mento deve continuar até o total desaparecimento do problema; não basta fazer o curativo uma ou duas vezes e suspender, porque observou melhoras. É preciso atacar o mal pela raiz, eliminando-o de vez!

Hepatite – "Inflamação do fígado causada por agentes infecciosos (vírus, bactérias, parasitas) ou tóxicos (álcool, antibióticos etc.) e caracterizada por icterícia, geralmente acompanhada de febre e outras manifestações sistêmicas"[68].

Existe a hepatite A, hepatite B, hepatite C, hepatite D e hepatite E. Como se trata de afecções inflamatórias do fígado e, mais particularmente, de natureza viral, acuda-se com a receita de babosa, mel e destilado. O fígado reage muito bem ao tratamento com babosa.

Herpes – "Afecção cutânea aguda devido a um vírus, caracterizada por uma erupção de pequenas vesículas transparentes, frequentemente agrupadas sobre um fundo eritematoso. O herpes tem sua sede preferencial na face, em torno da boca e do nariz, e também nas partes genitais; ele pode recidivar nos mesmos locais. O herpes genital da mulher pode ser a causa de uma doença grave do recém-nascido (meningite hepática), contraída durante o parto"[69].

Herpes-zoster – "Doença aguda produzida por vírus, caracterizada por inflamação de um ou mais gânglios de raízes nervosas dorsais ou de gânglios de nervos cranianos. Apresenta-se como erupção vesicular dolorosa, na pele ou nas membranas mucosas, que se distribui ao longo do trajeto de nervos sensitivos periféricos originados nos gânglios afetados (também se diz apenas Zoster)"[70].

---

68. *Dicionário Houaiss da Língua Portuguesa*, p. 1.517.
69. *Dicionário Médico Andrei*, p. 365.
70. *Novo Dicionário Aurélio da Língua Portuguesa*, p. 889.

Como se trata de afecção, nada mais indicado que a receita de babosa, mel e destilado. Tanto para tratar de herpes simples, como o descreveu acima o *Dicionário Médico Andrei,* quanto o herpes-zoster, descrito pelo *Novo Dicionário Aurélio da Língua Portuguesa,* ambos são tratados com o mesmo preparado.

Hipertensão – "Tensão acima do normal exercida pelo sangue sobre as paredes dos vasos de um determinado órgão; assim sendo, há a **hipertensão arterial**: elevação anormal da pressão sanguínea na parte arterial do sistema circulatório; **hipertensão intracraniana**: aumento excessivo da pressão do líquido cefalorraquiano; **hipertensão pulmonar**: aumento da pressão sanguínea na pequena circulação; **hipertensão renal**: hipertensão arterial sistêmica resultante de nefropatia; **hipertensão venosa**: aumento excessivo da pressão sanguínea dentro da rede venosa"[71] (o negrito é nosso).

Atitude sábia a de buscar a causa do distúrbio. Sempre deveria ser assim. No caso da hipertensão, seja qual for o órgão em que se manifestar, é fundamental saber por que a elevação da pressão coloca-se acima de 150/100mm de mercúrio.

Enquanto não chegamos à(s) causa(s) da hipertensão, preparemos nossa receita de babosa, mel e destilado. Se a tensão superior se constata, quem sabe que, absorvido pelo organismo, nosso preparado consiga distender ou relaxar os órgãos sobrecarregados, sobretudo pela purificação do sangue, favorecendo-lhe o fluxo. Que beleza se conseguir lenitivo ao mal-estar!...

I

Icterícia – "Síndrome caracterizada por excesso de bilirrubina no sangue e deposição de pigmento biliar na pele e mem-

---

[71]. *Dicionário Houaiss da Língua Portuguesa,* p. 1.536.

branas mucosas, do que resulta a coloração amarela apresentada pelo paciente"[72].

Tal estado mórbido encontra suas principais causas no "acometimento das células hepáticas (icterícia das hepatites, das cirroses, de certas intoxicações), a obstrução das vias biliares extra-hepáticas, a destruição maciça dos glóbulos vermelhos (hemólise)"[73].

Se é verdade que icterícia é causada pelo acometimento das células hepáticas, pela obstrução das vias biliares e pela destruição dos glóbulos vermelhos, vamos partir para uma recuperação das células hepáticas atacadas. Vamos desentupir as vias biliares. Vamos restaurar os glóbulos vermelhos destruídos. Preparemos a receita de babosa, mel e destilado. Não se admire se a sua iniciativa for coroada de êxito...

Indigestão – "Termo vago que designa um distúrbio gastrointestinal passageiro traduzindo-se por uma sensação de incômodo, de peso epigástrico, acompanhada, às vezes, de náuseas e vômitos"[74].

Na perturbação das funções digestivas, graças aos inúmeros elementos medicinais contidos na planta, o indicativo é a receita de babosa, mel e destilado. Como, normalmente, ingere-se o preparado antes das refeições, nada contra a que se recorra a pequena dose após as refeições, com o objetivo de facilitar a digestão.

Infecções (por leveduras, da bexiga e dos rins) – "Invasão de um organismo por um agente estranho (bactéria, vírus, fungo, parasita) capaz de nele se multiplicar, e conjunto das modificações patológicas que podem dela resultar"[75].

---

[72]. *Novo Dicionário Aurélio da Língua Portuguesa*, p. 912.
[73]. *Dicionário Médico Andrei*, p. 391.
[74]. *Dicionário Médico Andrei*, p. 401.
[75]. Ibid., p.401.

Se a infecção acontecer por levedura e atingir bexiga e/ou rins, não importa. Basta saber que se trata de infecção. Em se tratando disso, parte-se para a receita de babosa, mel e destilado. Em dois toques os órgãos ficarão desinfetados, restituindo-se-lhes as funções normais.

Insônia – "Falta de sono; dificuldade prolongada e anormal para adormecer; incapacidade de dormir adequadamente; assonia, insonolência. Psicop.: dificuldade de adormecer ou de manter o sono, que excede o período de um mês, independente de problemas de ordem física e sem a utilização de substâncias capazes de alterar o sono; agripnia, anipnia"[76].

Novamente deparamos com o problema fundamental: Por que a pessoa não consegue conciliar o sono, essa necessidade vital? Enquanto não dispomos, na teoria e na prática, dos dados que venham esclarecer a questão, encaminhemos a solução do problema, confeccionando a receita de babosa, mel e destilado. Mal não faz. E sabido que a planta contém ingredientes calmantes. Como também o purifica, se o organismo necessitar, inteligente como é, buscará o que precisa para um funcionamento mais perfeito.

Insuficiência arterial – "Incapacidade de um órgão para exercer plenamente suas funções normais. **Insuficiência aórtica**: defeito de fechamento da valva aórtica durante a diástole, que se traduz por um refluxo de sangue da aorta para o ventrículo esquerdo. **Insuficiência cardíaca**: incapacidade do coração bombear o sangue. **Insuficiência coronariana**: incapacidade das artérias coronarianas de fornecer o aporte de sangue oxigenado necessário para o funcionamento do coração. **Insuficiência mitral**: defeito de fechamento da valva

---

[76]. Dicionário Houaiss da Língua Portuguesa, p. 1.625.

mitral durante a sístole, que se traduz por um refluxo de sangue do ventrículo esquerdo para a aurícula esquerda. **Insuficiência pulmonar**: estado patológico, congênito ou adquirido, caracterizado por um defeito de fechamento da valva pulmonar do coração levando o refluxo de sangue arterial pulmonar para o ventrículo direito, podendo ocasionar uma dilatação deste ventrículo. **Insuficiência renal**: redução da capacidade renal de filtração e eliminação de dejetos do sangue, controle do equilíbrio hidroeletrolítico e regulação da pressão sanguínea. **Insuficiência renal aguda**: aquela em que a perda da função renal é abrupta, mas reversível, causada pelo choque hipovolêmico, cálculos etc. **Insuficiência respiratória**: incapacidade aguda ou crônica dos pulmões de realizar sua função, gerando uma queda da oxigenação do sangue e, às vezes, um aumento da concentração de gás carbônico no sangue. **Insuficiência tricuspidiana**: defeito de fechamento da valva tricúspide que leva a um refluxo do sangue do ventrículo direito para a aurícula direita durante a sístole"[77] (o negrito é nosso).

Por que tal órgão perdeu a capacidade para exercer suas funções? Tentemos devolver-lhe tal capacidade perdida, preparando e tomando a receita de babosa, mel e destilado.

Irritação bucal – "Ato de provocar uma reação normal ou exagerada dos tecidos por meio de certo estímulo. Irritação da garganta, das mucosas nasais etc. Patologicamente, reação exacerbada dos tecidos a uma lesão; inflamação incipiente"[78].

Falou em irritação, mais precisamente, em inflamação, a receita de babosa, mel e destilado cai como uma luva, não importa que a irritação se manifeste na boca, na garganta, na mucosa. Dá-lhe de babosa, companheiro!

---

[77]. *Dicionário Houaiss da Língua Portuguesa*, p. 1.628.
[78]. *Dicionário Houaiss da Língua Portuguesa*, p. 1.653.

L

Laringite – "Inflamação aguda ou crônica da laringe"[79]. Como a patologia indica "laringite", isto é, inflamação deste conduto entre a faringe e a traqueia localizado na parte mediana e anterior do pescoço, recorra-se à receita de babosa, mel e destilado para obter-se resposta à altura. Considere-se a inflamação, se ficar só na inflamação, como problema leve.

Lepra – "Doença infecciosa crônica devido a um bacilo acidorresistente (*Mycobacterium leprae* ou bacilo de Hansen), transmitido por contato direto, prolongado e íntimo. Ela começa através de uma mancha vermelha insensível ao toque e pode evoluir em diversas formas: manchas vermelhas ou despigmentadas, nódulos mais ou menos infiltrados com tendência ulcerativa, complicados tardiamente por mutilações (sobretudo no rosto e nas extremidades), distúrbios da sensibilidade. O tratamento pelas sulfonas diminuiu progressivamente a incidência da doença"[80].

Além de ingerir a receita de babosa, mel e destilado sem interrupção, o paciente poderá aplicar a polpa da planta sobre as áreas afetadas, podendo mantê-la aí as 24 horas, com a troca da matéria-prima duas ou três vezes por dia. Em lugar da aplicação tópica, alterne o curativo com a folha *in natura* e/ou pomada de boa qualidade à base de babosa. Encontra-se tal tipo de pomada junto à Pastoral da Saúde de quase todas as Dioceses do Brasil, confeccionada com carinho e competência por agentes voluntários.

---

79. *Dicionário Médico Andrei*, p. 426.
80. *Dicionário Médico Andrei*, p. 430.

Leucemia – "Doença progressiva do homem e de outros animais de sangue quente, que se caracteriza pela proliferação descontrolada, isto é, cancerosa, de células precursoras (blastos) dos glóbulos brancos normais na medula óssea e no sangue; leucose"[81].

Se houvesse estatística na cura dos tipos de câncer através da babosa, com certeza a leucemia alcançaria os mais altos índices. Basta usar a receita de babosa, mel e destilado. O tratamento interrompe a proliferação desmedida dos glóbulos brancos, fazendo com que suas células, agora curadas, produzam células sadias. Dispensa transplante de medula (doador compatível), radioterapia e quimioterapia. É que a receita devolveu a ordem àquela casa. O paciente acompanhe-se de exames médicos.

Lúpus – "Inflamação crônica da pele, caracterizada por ulcerações ou manchas, conforme o tipo específico. **Lúpus eritematoso**: doença inflamatória de origem autoimune, que provoca febre, perda de apetite, manifestações articulares e cutâneas, especialmente manchas na face que lembram asas de borboleta, podendo espalhar-se e atingir outros órgãos. **Lúpus tuberculoso**: enfermidade cutânea de evolução lenta, que se manifesta pelo aparecimento de lesões nodulares salientes, geralmente em volta do nariz e orelhas; tuberculose cutânea"[82] (o negrito é nosso).

No tratamento de lúpus procede-se como no caso da lepra, ou seja, providenciar a receita de babosa, mel e destilado, que se ingere oralmente. Nas ulcerações, aplica-se a polpa da planta *in natura*, as 24 horas do dia, trocando-se, por duas ou

---

81. *Dicionário Houaiss da Língua Portuguesa*, p. 1.747.
82. *Dicionário Houaiss da Língua Portuguesa*, p. 1.792.

três vezes, o curativo e/ou alternando-se com pomada de boa qualidade à base de babosa. Igualmente, junto a muitas paróquias, encontramos pessoas abnegadas, verdadeiros anjos, que procuram aliviar o sofrimento alheio, que manipulam pomadas e outros produtos naturais confiáveis. A cura é total e relativamente rápida, variando de pessoa para pessoa. O portador de lúpus faça visita a seu médico e mostre-lhe os progressos alcançados.

Luxações – "Deslocamento de dois ou mais ossos com relação ao seu ponto de articulação normal"[83].
Torceduras, distensões, luxações preveem aplicação tópica. Existem lenimentos à base de babosa. Como custam caro, você pode triturar a folha toda da planta e aplicá-la na parte afetada. Graças a seu grande poder de penetração, observará alívio quase imediato das dores. Se verificar que o osso ou nervo deslocou-se, providencie traumatologista para recolocá-lo no lugar. A partir dos Jogos Olímpicos de Montreal, de 1976, há atletas que, em caso de torções e distensões, utilizam gel de babosa misturado com aspirina para tratar a dor e os derrames periféricos a elas relacionados. A experiência dos outros é também nossa escola de aprendizagem. Que bom que há pessoas que partilham suas experiências positivas com a comunidade!

M

Manchas congênitas (manchas na pele, manchas senis) – "Mudança de coloração da pele, em que não se nota elevação nem depressão"[84].

---

83. *Dicionário Houaiss da Língua Portuguesa*, p. 1.794.
84. Ibid., p. 1.829.

"Estudos realizados pelo Dr. Irán E. Danhof têm demonstrado que a babosa penetra na pele pelo menos quatro vezes mais rápido que a água"[85]. Tal virtude deve-se à lignina, elemento que favorece sua penetração na pele, não apenas penetrando-a, mas levando-lhe os elementos de que tal órgão necessita. Daí que, usando a babosa, você torna a pele macia, hidratada, rejuvenescida, tenra, oleosa. Como aplicação prática, parta para a receita de babosa, mel e destilado. Tal preparado criará o ambiente favorável a uma pele de alta qualidade. Quanto às manchas congênitas, manchas na pele e manchas senis, para apressar o processo de limpeza e solução do problema, além do preparado, aplique a planta topicamente. Obtém-se resultado mais rápido, cobrindo e/ou isolando a mancha que se quer eliminar.

Mãos ásperas – "Não encontrei definição para tal patologia, se é que se trata de patologia".

Para a pessoa que convive com tal desconforto, aconselho a receita de babosa, mel e destilado ingerida por via oral. Para apressar os resultados, aplique o suco da folha da planta. Tal aplicação não se limite às mãos ásperas; pode estendê-la à pele toda, nosso maior órgão. A reação será rápida.

Mastite (em vacas) – "Toda afecção inflamatória da glândula mamária"[86].

Como a babosa faz bem ao ser humano, pode ser usada em animais, como vacas, cães, cavalos, porcos, gatos etc. No caso de mastite, aplicação tópica. O dono do animal tenha presente que bicho também é sensível à higiene e responde positivamente a seus cuidados.

---

85. STEVENS, Neil. *O poder curativo da babosa*. São Paulo: Madras, 1999, p. 105.
86. *Dicionário Médico Andrei*, p. 457.

Meningite – "Toda inflamação das meninges. Uma meningite é dita cerebral, espinhal ou cerebroespinhal segundo a inflamação afete somente as meninges do encéfalo, da medula espinhal ou o conjunto encefalomedula espinhal respectivamente. Os sintomas, muito marcantes, são os da síndrome meníngea com febre que sobe rapidamente, distúrbios motores e psíquicos. As meningites podem ser de origem bacteriana, tóxica, parasitária, ou ser secundária a diversos processos patológicos"[87].

Como se trata da inflamação das meninges e sua origem pode ser bacteriana, tóxica, parasitária, recorra-se à receita de babosa, mel e destilado, excelente em tais casos. O preparado seja aplicado aos primeiros sintomas do mal, socorrendo o sistema imunológico do paciente. Quanto mais cedo iniciar o tratamento, maiores as possibilidades de eliminar ou minimizar as sequelas da moléstia.

Miopia – "Imperfeição do olho cujo eixo ântero-posterior é demasiado longo, de sorte que a imagem de um objeto situado no infinito se forma aquém da retina; vista curta"[88].

O antônimo de miopia é:

Hipermetropia – "Vício de retração em que os raios luminosos que entram no olho paralelamente ao eixo ótico são levados a um foco além da retina, dando o encurtamento ântero-posterior do globo ocular"[89].

Presbitismo – "Distúrbio visual que se observa na velhice, e em que se perde, por baixa de elasticidade e diminuição da capacidade de acomodação do cristalino, o poder de distinguir, com nitidez, os objetos próximos; presbiopia, presbitia, vista cansada"[90].

---

87. *Dicionário Médico Andrei*, p. 468.
88. *Novo Dicionário Aurélio da Língua Portuguesa*, p. 1.139.
89. Ibid., p. *897*.
90. Ibid., p. 1.387.

Sob qual dos fenômenos os declarantes encontravam-se ao constatarem a melhoria em seu estado de visão, não foi pesquisado. O certo é que, ingerindo a receita de babosa, mel e destilado, em poucos meses, pessoas que usavam óculos para ler o jornal, para sua admiração, aos poucos dispensaram-nos. Como não existe contraindicação, sobretudo a pessoa de idade providencie seu preparado com regularidade.

N

Náuseas de todo tipo – "Desejo de vomitar seguido ou não de vômito. Ela é acompanhada por uma contração involuntária dos músculos da faringe, do esôfago e do estômago"[91].

A definição do dicionário não oferece pistas que expliquem a origem das náuseas. Provavelmente, disfunção do fígado ou estômago ou pâncreas, numa palavra, do aparelho digestivo. Para livrar-se do enjoo, basta um cubo da folha de babosa na boca. Em dois tempos, a pessoa vomita ou despacha o corpo estranho causador do incômodo. Em tempo, providencie uma receita de babosa, mel e destilado, a fim de evitar tais desconfortos. Faça o tratamento com regularidade.

O

Obesidade – "Acúmulo excessivo, mais ou menos generalizado, de tecido adiposo, levando a um aumento do peso superior a 25% do peso estimado normal. Ela pode ser exógena por superalimentação ou endógena por distúrbios metabólicos ou endócrinos"[92].

---

91. *Dicionário Médico Andrei*, p. 502.
92. Ibid., p. 517.

Se o acúmulo de gordura resulta de superalimentação, apele-se para o autocontrole: "Feche a boca!", aconselhava o médico a uma senhora preocupada com seu aumento de peso! Se o problema tem sua origem em distúrbios metabólicos ou endócrinos, bom profissional do ramo orientará o paciente. Cuidado com receitas milagrosas para emagrecer: Prometem milagres fáceis demais! Hoje aparece a Nutracêutica, a nova ciência da alimentação. Promete milagres nesse campo. O tempo dirá. Enquanto o milagre não acontece, apele para a receita de babosa, mel e destilado, a qual poderá regular as funções descalibradas do metabolismo e das glândulas.

P

Parasitos intestinais – "Organismo animal ou vegetal que, durante uma parte ou totalidade de sua existência, nutre-se em permanência ou temporariamente de substâncias produzidas por um outro ser vivo, sem destruir este último, exceto em casos relativamente raros onde os parasitos são excessivamente numerosos"[93].

Para eliminar parasitos intestinais (também localizáveis no nariz, na bexiga, no reto) recomenda-se o uso prolongado, isto é, de três a seis meses, da receita de babosa, mel e destilado, com breves intervalos entre um frasco e outro (qualquer coisa assim de três a quatro dias – uma semana, no máximo). O tratamento prolongado proporciona a eliminação total e definitiva do parasito no organismo, porque impede a sua reprodução.

Pé-de-atleta = Tinha – "Afecção cutânea localizada especialmente entre os dedos dos pés caracterizada por fissuras, erosão e pequenas vesículas devido à infecção por fungos dermatófitos"[94].

---

93. *Dicionário Médico Andrei*, p. 552.
94. *Dicionário Houaiss da Língua Portuguesa*, p. 2.720.

Para o caso, indica-se a aplicação tópica, isto é, o contato da parte gelatinosa da folha de babosa com o(s) ponto(s) onde se localiza a frieira, as 24 horas, renovando-se duas ou três vezes o curativo. A pessoa que sofre de pé de atleta seque bem a parte entre os dedos, após lavar os pés, aplicando-lhe talco antisséptico. Nada má, de vez em quando, uma receitinha de babosa, mel e destilado.

Picadas (de escorpião, aranha, cobra e de insetos: vespa, mosquito, mosca, taturana etc.) – "Mordedura de inseto ou cobra"[95].

À lesão cutânea provocada pelo dardo do inseto deve-se acudir imediatamente com a aplicação tópica, usando a parte interna da folha da babosa. Deixe-se o curativo aplicado no ponto atingido por uns 40min a uma hora. Em seguida, troca-se, principalmente em se tratando de picada de cobra venenosa. Falando em picada de cobra, quando remover o curativo, observe a mudança de cor processada na parte carnuda da folha de babosa. Aí está o veneno "puxado" para fora do ferimento. Considere o procedimento acima aconselhado como um importante "pronto socorro" em favor da vítima, enquanto não se puder alcançar o hospital. Providencie-se, quanto antes, a aplicação do soro antiofídico.

Problemas do pâncreas – pancreatite – "Inflamação do pâncreas, que pode ser aguda ou crônica, causada geralmente por alcoolismo ou por migração de cálculos biliares"[96].

Como o termo já esclarece, trata-se de inflamação da glândula abdominal. Assim sendo, destampe a receita de babosa, mel e destilado. A babosa ajudará a produzir um suco pancreático de melhor qualidade, vertido, depois, no duodeno, importante porque contém enzimas que favorecem a digestão.

---

95. *Novo Dicionário Aurélio da Língua Portuguesa*, p. 1.324.
96. *Dicionário Houaiss da Língua Portuguesa*, p. 2.116.

Prostatite – "Inflamação na próstata"[97].
Ampliemos o conceito. "Prostatismo é o conjunto dos distúrbios urinários devidos à hipertrofia da próstata: necessidade imperiosa e frequente de urinar, com emissão de pequenas quantidades de urina, fraqueza do jato urinário, micção difícil e frequentemente dolorosa"[98].

Estatisticamente falando, se houvesse estatística, nos problemas referentes à próstata, depois da leucemia, talvez tivéssemos os mais alentadores resultados com o emprego da receita de babosa, mel e destilado. Funciona mesmo. Não perca tempo. Apele para a receita já!

Psoríase – "Dermatose frequente, de etiologia desconhecida, com evolução crônica, caracterizada por manchas vermelhas mais ou menos extensas, bem circunscritas, cobertas por escamas secas, abundantes e friáveis. As lesões se localizam sobretudo nos cotovelos, joelhos, couro cabeludo, mas podem também invadir todo o corpo. Rebelde ao tratamento, a psoríase só pode ser 'limpada', recidivando em intervalos mais ou menos longos"[99].

Como se trata de afecção de pele, prevê-se a aplicação tópica, ao estilo de lúpus, bem como se deve apelar para a receita de babosa, mel e destilado, com que se procede a faxina das toxinas existentes no interior do organismo, responsáveis pelas placas localizadas em partes determinadas do corpo.

Os tratamentos oferecidos, até hoje, pela medicina oficial, até mesmo a lama medicinal do Mar Morto, não passaram de paliativos. Cura mesmo só aconteceu, em meados de 1996, na Arábia Saudita, quando o Dr. Syed demonstrou, de modo inequívoco, as qualidades curativas da babosa no controle da

---

97. *Novo Dicionário Aurélio da Língua Portuguesa*, p. 1.405.
98. *Dicionário Médico Andrei*, p. 604s.
99. Ibid., p. 613.

psoríase. O estudo dele durou 16 semanas. Aplicou creme de babosa em 30 pacientes, sendo que 25 deles, ao final, saíram totalmente curados. Por que não prosseguem com tais experiências? O leitor, que é inteligente, conhece os motivos.

Q

Queimaduras (térmicas, por radiações, solares, químicas, por líquidos) – "Lesão cutânea ou mucosa provocada pelo calor ou por outros agentes físicos, tais como as diversas radiações, o frio, a eletricidade etc. Distinguem-se quatro graus: **queimadura de primeiro grau**, com vermelhidão e tumefação dolorosa; **queimadura de segundo grau**, complicada por bolhas; **queimadura de terceiro grau**, nas quais as bolhas se complicam por necrose da derme e às vezes das partes subjacentes; **queimadura de quarto grau**, carbonização de toda uma região do corpo"[100] (o negrito é nosso).

Providenciar a imediata aplicação tópica da babosa. Abra a folha, aplicando o gel do interior da folha em cima do ferimento, prendendo com esparadrapo ou faixa, não importa o grau da queimadura. Observará alívio quase que imediato das dores. A exceção de queimadura de quarto grau, quando a parte atingida virou carvão, nos demais casos, a recuperação é total. E muito rápida. Se, eventualmente, quisesse providenciar um frasco da receita de babosa, mel e destilado, sua ingestão só ajudará o paciente a uma recuperação mais rápida.

R

Rachaduras (fissuras) nos mamilos – "Sob fissura: 1) Pequena abertura longitudinal em; fenda, rachadura, sulco.

---

100. *Dicionário Médico Andrei,* p. 621.

1.2) Qualquer ulceração alongada e superficial. 1.3) Fenda profunda, sulco ou abertura nos ossos, cesura, ou cissura. 1.4) Rachadura na pele calosa nas mãos ou nos pés, geralmente de pessoas que executam trabalhos rudes"[101].

O problema apresenta-se idêntico aos problemas específicos de pele. Portanto, recorramos a cuidados sugeridos em casos semelhantes. Ou seja, aplica-se topicamente, isto é, a parte gelatinosa da folha na parte afetada. Além da providência tomada, muito aconselhável é recorrer à receita de babosa, mel e destilado. Sim, porque o mamilo racha por falta de lubrificação. Idem, lábios. Saiba que a babosa contém óleos.

S

Sapinhos – "Espécie de aftas, brancas ou amareladas, que aparecem na mucosa bucal, produzidas por um cogumelo, e frequentes nos estados de acidose, sobretudo nas crianças; farfalho"[102].

Sendo tipo de afta, confira "aftas". Se o paciente é criança de colo, duas ou três gotas da receita de babosa, mel e destilado são suficientes. Depois de alguns dias, passa-se à dose de uma colher das de cafezinho.

Seborreia – "Exagero da secreção sebácea. A seborreia é frequentemente complicada pela acne e pode ser causa de um eczema dito seborreico"[103].

A receita de babosa, mel e destilado livrará as glândulas sebáceas, fazendo com que a secreção retida encontre escoamento normal pelas vias de excreção.

---

101. *Dicionário Houaiss da Língua Portuguesa*, p. 1.350.
102. *Novo Dicionário Aurélio da Língua Portuguesa*, p. 1.550.
103. *Dicionário Médico Andrei*, p. 670.

Sinusite – "Inflamação da mucosa que forra os seios da face; ela pode ser aguda ou crônica, purulenta ou não, e segundo sua localização: maxilar, frontal, etmoidal, esfenoidal. Quando todos os seios de um lado ou dos dois estão acometidos, fala-se de pansinusite"[104].

Deixe de sofrer e mande para o espaço ou para o ralo as dores, dores antigas, em consequência da sinusite. A receita de babosa, mel e destilado é a dica. E resolve que é uma beleza! Não estranhe o quanto vai supurar!

T

Tendinite – "Inflamação de um ou mais tendões, geralmente de origem traumática ou degenerativa"[105].

Você já é um *expert*. Apenas se dá conta se tratar de inflamação, ocorre-lhe que a receita de babosa, mel e destilado pode resolver o problema. Se a origem da tendinite for traumática, vale a aplicação tópica; se for degenerativa, apenas ingerindo o preparado, resolverá o problema.

Torceduras – "1) Ato ou efeito de torcer; torção, torcilhão. 2) Ato ou efeito de torcer, deslocar, desarticular; estado de torcido (torcedura de tornozelo)"[106].

Socorra-se da aplicação tópica. Massageie de leve o local machucado. Como a babosa é poderoso analgésico, experimentará subitamente o alívio das dores graças à penetração rápida do seu gel na pele.

Torcicolo – "Torção do pescoço com inclinação da cabeça, acompanhada de sensação dolorosa nos músculos (sobretu-

---

104. Ibid., p. 690s.
105. *Dicionário Houaiss da Língua Portuguesa*, p. 2.693.
106. Ibid., p. 2.736.

do o esternoclidomastóideo). Ele pode ter causas muito diversas: esforço, lesão muscular ou da coluna cervical, afecção do ouvido etc."[107].

Uma das causas que podem provocar torcicolo é o contraste de temperatura (do banho quente, sair para o corredor) ou expor-se à correnteza de ar. Para problemas de torcicolo, soque no pilão uma ou duas folhas de babosa. Com seu suco, forme uma cataplasma. Aplique aquela papa na parte dolorida. Massageie, antes, a área. Aplicada a cataplasma, aumente um pouco a temperatura do corpo, abrigando-se ou cobrindo-se mais que o normal. Verá que alívio! E resolve o problema.

Tosse – "Reflexo fisiológico complexo podendo também ser reproduzido voluntariamente, que consiste numa inspiração profunda com fechamento da glote, seguida de uma expiração brusca, sacudida e barulhenta, destinada a expulsar das vias respiratórias toda substância que irrita ou que entrava a respiração"[108].

Existem vários tipos de tosse: tosse comprida, tosse convulsa, tosse de guariba = coqueluche. A tosse de cachorro ou tosse canina, tosse rouca, ladrante, que se observa na coqueluche, nos aneurismas da aorta, nas afecções laríngeas etc. Existe, ainda, a tosse seca, tosse não acompanhada de expectoração. Evidente que você não pode permitir que sobrevenha a tosse. Evita-se o contratempo, ingerindo a receita de babosa, mel e destilado com certa regularidade durante o ano. Acometido de tosse, recorra ao preparado. Não suspenda o tratamento enquanto não se considerar livre do incômodo. Em saúde, sobretudo, prevenir é melhor que remediar...

---

107. *Dicionário Médico Andrei*, p. 738.
108. *Dicionário Médico Andrei*, p. 739.

Tracoma – "Queratoconjuntivite contagiosa, causada por microrganismo cocóide gram-negativo *(Chlamydia trachomaiis)*, próxima dos vírus pelo fato de só ser cultivável em tecidos vivos. Ela se caracteriza pela produção de folículos e de um *panmis* [= '1) Tecido inflamatório neoformado proveniente da sinovial de uma articulação, que forma uma pequena faixa localizada sobre a cartilagem articular. Observa-se em certas artrites crônicas. 2) *Pannus* da córnea: infiltração de origem inflamatória da córnea pelos vasos neoformados; é uma lesão característica do tracoma'[109]] e pode levar à cegueira. O tracoma é endêmico em certas regiões quentes (principalmente no Egito)"[110].

Recorra às duas aplicações possíveis. Topicamente, aplique o suco da folha da babosa. Basta uma gota de cada vez. Várias vezes durante o dia. Como se trata de inflamação causada pelo *Chlamydia trachomatis*, próximo dos vírus, vamos apelar para a receita de babosa, mel e destilado a fim de desentocá-lo de seu esconderijo. Com o preparado, vamos purificar o organismo todo.

Tuberculose – "Doença infecciosa e contagiosa causada pelo *Mycobacterium tuberculosis* (bacilo de Koch), comum ao homem e certos animais (sobretudo os bovídeos), cuja lesão anatômica característica é o tubérculo ou nódulo tuberculoso [= lesão característica da tuberculose (tubérculo) apresentando-se sob a forma de uma massa arredondada com zona central necrosada, envolvida por uma camada de células epitelioides (assemelhando-se às células epiteliais) com células gigantes e uma camada periférica de linfócitos[111]]. Ela pode apresentar formas muito diversas, segundo o local da inoculação, a extensão das lesões

---

109. *Dicionário Médico Andrei*, p. 546.
110. Ibid., p. 741.
111. Ibid., p. 513.

(limitadas a um órgão ou mais ou menos disseminadas), o modo evolutivo (agudo, subagudo ou, mais frequentemente, crônico) e o grau de resistência do organismo. A infecção ocorre com maior frequência pela inalação, e as localizações mais frequentes interessam os pulmões"[112].

Diz Neil Stevens, à p. 67 de O *poder curativo da babosa*: "As pesquisas sobre tuberculose realizadas em 1950 pelo Dr. Gottshall e seus colegas já sugeriram o enorme potencial da babosa para tratar das enfermidades respiratórias..." Apele para a receita de babosa, mel e destilado, a fim de se defender contra o mal que foi o terror na década de 1950 e que volta a atacar hoje, quando a moléstia parecia debelada. Dê-lhe de babosa que você vence a batalha! Verá. Acompanhe-se dos exames médicos. Fazer pequeno intervalo, se fizer, entre um frasco e outro. Combate o mal, sem dar-lhe tréguas.

U

Úlcera (do duodeno, péptica, nas pernas, em geral) – "1) Solução de continuidade, aguda ou crônica, de uma superfície dérmica ou mucosa, e que é acompanhada de processo inflamatório; ulceração. 2) Por extensão popular, ferida, chaga"[113].

O dicionário continua colocando diferentes tipos de úlcera. Penso que pode ajudar a compreender e distinguir melhor a matéria. **Úlcera atônica**: a de evolução crônica, que apresenta granulações patológicas. **Úlcera de Bauru**: a que se manifesta por *Leishmania brasiliensis*. **Úlcera de decúbito**: a que, nos doentes acamados, se manifesta em partes do corpo (geralmente dorso e nádegas) prolongadamente em contato com o

---

112. *Dicionário Médico Andrei*, p. 758.
113. *Novo Dicionário Aurélio da Língua Portuguesa*, p. 1.734.

leito. **Úlcera estercoral**: a que se desenvolve na membrana mucosa do intestino grosso, em consequência da irritação devida a contato prolongado com massas fecais coletadas imediatamente antes do local de obstrução crônica desse órgão. **Ulcera fagedênica**: a que se propaga rapidamente com formação de esfacelo; fagedenoma. **Úlcera flemonosa**: a que é acompanhada de processo supurado local. **Úlcera péptica**: a que ocorre em locais do tubo digestivo expostos à ação combinada de ácido clorídrico e pepsina (esôfago, estômago, duodeno, área de gastrojejunostomia). **Úlcera perfurante**: a que produz perfuração no órgão em que se localiza. **Úlcera trófica**: a que é causada por deficiência de nutrição da parte comprometida. **Úlcera varicosa**: a causada por perda de superfície cutânea na área de drenagem de uma veia varicosa, manifestando-se em geral nas pernas, e provocada por estase.

Procedimento fundamental para os portadores de qualquer tipo de úlcera acima citado é a receita de babosa, mel e destilado ingerida oralmente, tendo, como escopo único, a purificação do organismo. Quando a úlcera apresenta ferida exposta, como é o caso, para dar só um exemplo, da úlcera de decúbito, recorra-se à aplicação tópica da massa proveniente da folha de babosa, socada ou triturada. Prepara-se o emplastro e aplica-se na ferida, trocando-se o curativo três vezes ao dia. Quanto dinheiro economizará! E com resultados 100%.

Unhas encravadas = unhas incarnadas – "Unha cuja borda lateral penetra nos tecidos moles contíguos, provocando uma inflamação frequentemente acompanhada de supuração. Trata-se na maioria dos casos da unha do grande artelho"[114].

---

114. *Dicionário Médico Andrei*, p. 764.

Muitas unhas encravadas foram arrancadas a bisturi. Bastaria ter-se feito aplicações tópicas da folha de babosa para dispensar a cirurgia. A aplicação tópica é sem dor e barata.

Urticária – "Afecção cutânea caracterizada por uma erupção de pápulas rosadas ou esbranquiçadas, parecendo picadas de urtiga, pruriginosas ou produzindo uma sensação de queimação. Elas desaparecem dentro de algumas horas e outras pápulas surgem em outros locais. A urticária pode ser de origem alérgica (sensibilização do organismo a medicamentos, parasitas, agentes físicos, alimentos)"[115].

O leitor já é um craque! Sabe que, em casos de afecção, a gente serve-se da receita de babosa, mel e destilado, ingerida oralmente. A aplicação tópica do gel da folha da planta pode apressar o processo de eliminação das pápulas na pele. Se observar coceira ou irritação da área, suspenda a aplicação tópica, mantendo tão somente o tratamento interno.

V

Vaginite – "Inflamação das paredes da vagina"[116].

Como a palavra explica, em se tratando de inflamação, providencie a receita de babosa, mel e destilado. Se houver algo irregular no organismo, o preparado colocá-lo-á na devida ordem. A aplicação tópica do gel da folha liquefeita trará benefícios imediatos.

Varizes – "1) Dilatação venosa, permanente, da rede superficial dos membros inferiores. 2) Por extensão, dilatação permanente de todo vaso sanguíneo ou linfático"[117].

---

115. Ibid., p. 771.
116. *Dicionário Houaiss da Língua Portuguesa*, p. 2.822.
117. *Dicionário Médico Andrei*, p. 781.

A dilatação da veia, provavelmente, deveu-se à má circulação do sangue ou à sua má qualidade. Se essa for a causa, procuremos purificar o sangue e sua circulação. Se a causa for de outra natureza, pode ser que a receita de babosa, mel e destilado vá ao encontro da solução do problema. Prevê-se a aplicação tópica da folha com a polpa em contato com a pele, porém sem soltá-la da casca.

Vírus de Epstein-Barr – "Vírus do grupo herpevírus responsável pela mononucleose infecciosa, pelo linfoma de Burkitt e por uma forma de câncer da nasofaringe dos chineses. Abreviatura: EBV (Epstein Michael Antony, médico inglês, nascido em 1921; Barr Yvonne, virologista inglesa contemporânea)"[118].

Infecção. Linfoma. Câncer. Oferecemos a receita de babosa, mel e destilado para combater o mal.

Z

Zoster – "Confira *herpes*".

---

118. *Dicionário Médico Andrei*, p. 263s.

Posfácio

Como o leitor pode concluir, em *Babosa não é remédio... mas cura!*, tivemos em mente colocar nas mãos das pessoas menos favorecidas o presente livrinho na esperança de que possa ajudá-las a quebrar o galho em situações adversas, nas quais as circunstâncias da vida surpreendentemente as meteram. Nosso objetivo é auxiliá-las nesse contratempo, oferecendo-lhes nossos préstimos. Que bom seria saber que nosso método quebrou o galho! Estúpido pensar que, com a utilização da babosa, pretendamos desprestigiar ou desbancar a Medicina tradicional. Ridícula pretensão! Nossa ideia é oferecer ao carente o auxílio para vencer os limites em que está envolvido. A receita de babosa, mel e destilado apresenta-se como tentativa de solução para seu problema. Conseguimos ajudar? Tomara! Desejamos que, um dia, todos os cidadãos brasileiros, com direitos e deveres iguais, tenham acesso aos bens, inclusive à saúde, que Deus colocou ao alcance de suas criaturas para que possam levar vida digna.

Se você, leitor, utilizou, com sucesso, a babosa em algum tipo de doença que aqui não consta, e gostaria de contar sua experiência, escreva-nos, enviando

Nome:

RG (n° de sua identidade):

Rua:

Cidade/Estado:

Cep:

Telefone:

1) Indicar a doença
2) Como aplicou a babosa (uso interno ou externo)
3) Resultado

Com sua licença, em futuras edições, se houver, registraremos o fato, com prazer, a fim de que seu caso seja aproveitado para que outras pessoas, em condições idênticas, servindo-se de sua experiência, lancem mão de auxílio tão simples, barato e eficaz na solução do problema. Tudo muito fraternalmente, companheiro.

Comunique-se com

1) Carta – correspondência
Frei Romano Zago, OFM
Caixa Postal 2330 CEP 90001-970
Porto Alegre, RS

2) Telefax
(51) 3246-7177

3) E-mail
freiromanozago@bol.com.br

O autor

Índice

Sumário, 5
Introdução, 7
Parte I – Variações na *minha* receita, 9
Introdução, 11
Perguntas e respostas
1. Medida/metro x peso/grama, 13
2. Usar babosa pura, 15
3. A colheita das folhas, 16
4. A presença de água nas folhas de babosa, 18
5. Diabetes x mel, 20
6. Ex-alcoólatras x álcool, 22
7. Vários tipos de babosa, 24
8. Um metro de folhas de babosa, 27

Parte II – Razões para utilizar a receita, 29
Introdução, 31
1. A babosa não é planta tóxica, 32
2. Babosa *in natura* x babosa industrializada, 36
3. Babosa é alimento, 38
4. A babosa reforça o sistema imunológico, 41
5. A babosa no tratamento preventivo, 43
6. A babosa no tratamento curativo, 46

7. Fenômenos ou reações no organismo, 51

8. As vias de excreção do organismo, 53

Parte III – A utilização da babosa nas doenças, 57

Introdução, 59

A

Abscesso, 62

Acidez no estômago, 63

Acne (espinha), 64

Afonia, 64

Aftas ou úlceras, 65

Aids, 65

Alergias, 66

Amigdalite, 67

Anemia, 67

Anorexia, 67

Arteriosclerose, 68

Artrite, 68

Asma, 68

B

Bolhas, 69

Bronquite, 69

Bursite, 69

C

Câimbras musculares (cãibra), 70

Calvície, 70

Câncer, 71

Candidíase, 72
Carbúnculo, 72
Caspa, 73
Cataratas, 73
Catarro, 74
Celulite, 74
Cheiros (retirada do mau cheiro nas úlceras), 75
Ciática, 75
Cirrose, 76
Cistite, 76
Coceiras de todo tipo, 76
Cólicas, 77
Colite, 77
Congestão, 78
Contusões, 78
Cortes, 78

D

Dependência (de drogas diversas), 79
Depressão, 79
Dermatite, 80
Desânimo, 81
Diabetes, 81
Disenteria, 81
Distensões, 82
Doenças da gengiva (gengivite), 83
Doenças dos olhos, 83

E

    Edema, 84
    Enterite, 85
    Enxaqueca, 85
    Epidermite, 86
    Erisipela, 86
    Erupções, 86
    Esclerose múltipla, 87
    Esgotamento, 87
    Esterilidade devido a ciclos anovulatórios, 88
    Exantema, 89

F

    Febres sem motivo, 89
    Feridas de todo tipo, 89
    Flatulências, 90
    Fungos, 90
    Furúnculos, 91

G

    Gangrena, 91
    Glaucoma, 91
    Gota, 92
    Gripe, 92

H

    Halitose, 93
    Hemorroidas, 93
    Hepatite, 94

Herpes, 94
Herpes-zoster, 94
Hipertensão, 95

I

Icterícia, 95
Indigestão, 96
Infecções (por leveduras, da bexiga e dos rins), 96
Insônia, 97
Insuficiência arterial, 97
Irritação bucal, 98

L

Laringite, 99
Lepra, 99
Leucemia, 100
Lúpus, 100
Luxações, 101

M

Manchas congênitas (manchas na pele, manchas senis), 101
Mãos ásperas, 102
Mastite (em vacas), 102
Meningite, 103
Miopia, 103

N

Náuseas de todo tipo, 104

O
    Obesidade, 104

P
    Parasitos intestinais, 105
    Pé-de-atleta = Tinha, 105
    Picadas, 106
    Problemas do pâncreas – pancreatite, 106
    Prostatite, 107
    Psoríase, 107

Q
    Queimaduras, 108

R
    Rachaduras (fissuras) nos mamilos, 108

S
    Sapinhos, 109
    Seborreia, 109
    Sinusite, 110

T
    Tendinite, 110
    Torceduras, 110
    Torcicolo, 110
    Tosse, 111
    Tracoma, 112
    Tuberculose, 112

U
  Úlcera, 113
  Unhas encravadas = unhas incarnadas, 114
  Urticária, 115
V
  Vaginite, 115
  Varizes, 115
  Vírus de Epstein-Barr, 116
Z
  Zoster, 116
Posfácio, 117

Conecte-se conosco:

facebook.com/editoravozes

@editoravozes

@editora_vozes

youtube.com/editoravozes

+55 24 2233-9033

www.vozes.com.br

Conheça nossas lojas:

www.livrariavozes.com.br

Belo Horizonte – Brasília – Campinas – Cuiabá – Curitiba
Fortaleza – Juiz de Fora – Petrópolis – Recife – São Paulo

EDITORA VOZES LTDA.
Rua Frei Luís, 100 – Centro – Cep 25689-900 – Petrópolis, RJ
Tel.: (24) 2233-9000 – E-mail: vendas@vozes.com.br